一瓯一世界 一茶一乾坤

一瓯茶

张岩 著

吉林美术出版社 | 全国百佳图书出版单位

图书在版编目（CIP）数据

一瓯茶 / 张岩著. -- 长春 : 吉林美术出版社,
2017.8
ISBN 978-7-5575-3034-1

Ⅰ. ①一… Ⅱ. ①张… Ⅲ. ①茶文化－中国－通俗读物
Ⅳ. ① TS971.21-49

中国版本图书馆 CIP 数据核字 (2017) 第 209378 号

一瓯茶

作　　者	张岩
责任编辑	于丽梅
装帧设计	树上微出版
开　　本	710×1000　1/16
印　　张	10.5
版　　次	2019 年 4 月第 1 版第 2 次印刷
出　　版	吉林美术出版社
发　　行	吉林美术出版社
地　　址	长春市人民大街 4646 号
印　　刷	河北环京美印刷有限公司

ISBN 978-7-5575-3034-1　　定价：58.00 元

目录

前言　茶与叶

茶，原本只是片平凡的树叶，如果没有曾经的慧眼与禅心，没有人类“情”与“感”的催化与呵护，只会悄无声息地回归尘土，从哪里来，再回到哪里去，完成它的生命轮回而不留一丝痕迹。

但是，冥冥之中就遇到了最具丰富内心情感的世间精灵 —— 人，于是，茶在不知不觉中伴随着历史的沉浮变迁而被赋予了特殊的内涵。接下来，茶便自然而然地为人类凝造了一种明心见性的生活方式。

1. 几乎擦肩而过的茶缘

——安化茯砖

最具世态演义的那一杯

有时候，不经意地遗忘才可能沉淀出惊艳

一、结缘

多年以前的我并不嗜茶，甚至对茶不甚了解。那时的茶对于我而言，只是源于自然界的一种纯绿色饮品，渴了，喝一杯，仅此而已。

一次，朋友从湖南出差带回了一饼安化黑茶送我，并建议我长期饮用。

一大块黑乎乎的东西，这也是茶吗？

我随手放在了一边。

这真的是茶吗?

之后的四五年间，它就这样悄无声息地躲在角落里，默默地注视着我，静静地度过无人相伴、无人问津的日子。虽然孤独，但也恬静。

在一次搬家中，它再一次意外地进入了我的视线。拿起它，发现竟然布满了黄色的霉点，当时的我误认为它已经发霉变质了。

本来就没有什么好感，正要丢进垃圾桶，这时，一位懂茶的朋友恰巧来访。他接过来，开始细细地端详。听我讲述了它的来历之后，感慨了一句：“有时候，不经意地遗忘才可能沉淀出惊艳！”

遗忘，有时候能带来意外的惊喜。

自此，与茶结缘。

这是我识茶的起点，从此，品茶、喜茶、爱茶甚至痴茶，茶，开启了我生活的另一扇窗。而每晚一壶的茯砖，也成了每天的必修课，否则夜不能寐。

安化茯砖，属黑茶。

黑茶是中国六大茶类之一，是中国特有的茶类。

我国曾出土过古代黑茶的实物，长沙马王堆西汉时期汉墓中的“一笥茶”——渠江皇家薄片。

据考证，我国最早的黑茶出产于湖南安化县。安化自古以来就有加工烟熏茶的传统。茶叶通过高温火焙后，色泽变得油润而黑褐，故名“黑茶”。

安化黑茶，是由绿毛茶经过蒸压而成。由于湖南的茶叶要远运至西北地区，而当时的交通运输条件又非常落后，古人为了方便储存及运输黑茶，便采用压制紧压茶的方式蒸压成块以减小体积，减轻运输难度。此法沿用至今。

关于黑茶的由来，民间还有一个美丽的传说。

相传汉代张良非常喜欢饮茶。

功成名就后，因担心“飞鸟尽良弓藏，狡兔死走狗烹”，张良便辞官归隐。他信马由缰，来到了湖南雪峰山的余脉，安化渠江神吉山张家冲隐居下来。

当时该地瘟疫盛行，百姓苦无良药而生灵涂炭，以致十室九空。张良便选用神吉山的茶叶制成了一种茶片，也就是后人称之为的渠江“薄片”，分发给百姓。饮用此茶，瘟疫竟然得到了有效控制，从此渠江“薄片”的美名广为流传。

此薄片方便携带并能长时间保存，周边百姓都开始学着制作此茶日常饮用。

由于黑茶制作原料较粗老，加工过程中要经过长时间的堆积发酵，所以叶片大多呈暗褐色，且口味较重，俗称“霸口”之茶。这一点，对于喝惯了青山绿水、清淡绿茶的人来说，在初次接触黑茶时往往会觉得难以启口。但是只要坚持饮用一段时间，一定会迷恋上它独有的浓醇滋味。尤其是经过了长期保存的黑茶具有越陈越香的独特品质，更会让你流恋其中。

我的那块安化茯砖，是以湖南安化所产黑毛茶为原料，经过筛选整理、渥堆蒸腾、压制定型以及发花干燥等工艺加工而成，是一种块状紧压茶。

关于茯砖，尤其值得一提的是茯砖茶内的“金花”，也就是曾被我误认为是“霉点”的东西，它是安化黑茶带给人类的一个奇异之宝，学名为“冠突散囊菌”，为曲霉菌类，是一种珍贵的益生菌，具有调节人体新陈代谢、降血脂等功效。而盛开的“金花”还带来一种奇异之香，使之干嗅有黄花清香，品饮有沉闷菌香。

北方地区，尤其在寒冷的冬季，非常适合饮用温性茶，比如安化茯砖。

安化茯砖性情温和、养精蓄气、暖胃生津、活血通络，还能补充人体所需的膳食营养，增强人体免疫功能。冬季，在运动量减少，高热量食物摄入增多时，晚饭后半小时饮一壶茯砖，可以有效消食、去腻，预防与控制脂肪堆积。

但是，安化茯砖在饮用过程中也有诸多忌讳，需要留意。

第一，忌饮头道茶。渥堆发酵加工工艺，尤其是存放多年的老茶，附着大量灰尘，而且表面可能残存农药等有害物质，饮用前必须洗茶。第二，忌饮新产茶，尤其是出产一个月以内的新茶更应慎喝。新茶自然陈化时间短，未氧化的多酚类物质含量高，易对胃黏膜产生刺激感。第三，忌饭后即饮。茯砖中含有大量鞣酸物质，与食物中的铁元素发生化学反应后会导致铁元素流失。如长时期保持饭后即刻饮茶的习惯，将可能导致人体出现缺铁性贫血，应当饭后一小时后再饮茶。第四，忌空腹饮茶。空腹喝茶会稀释胃液，影响人体消化器官的功能。空腹喝茶还会使人体对茶的吸收率增高，从而引起心慌、头晕等症状。第五，忌发烧饮茶。茯砖所含的茶碱成分能够提高体温，发烧的病人饮茯砖茶，将可能加剧体热症状。第六，溃疡病忌饮茶。茶叶中的咖啡因等成分会促进胃酸分泌，提高胃酸浓度，患胃溃疡的病人饮茯砖茶将可能加剧溃疡程度。

曾有缘去长沙出差，出于对黑茶的情结便专门去了一趟安化。没想到，自此，不仅更加喜欢安化黑茶，对安化也心生了一种特别的情愫。

每次喝安化黑茶，都会不由自主地想到厚重、斑驳、沧桑与质朴的石板路，那感觉仿佛回到了远去的模糊的童年，心底顿生一股莫名的安心与踏实。还有那遮风挡雨的永锡桥，总能让自己浮躁的心平静下来。

二、黑茶小常识

马背上驮出来的茶
走过江河山川的茶
看得到男人黝黑脊梁与油亮汗滴的茶

1. 简言黑茶

黑茶的制作原料通常采自茶树上较粗老的枝叶。其加工工艺一般包括杀青、揉捻、渥堆和干燥四道工序，是利用微生物参与发酵及湿热作用而制成的一种茶，因此，黑茶属于后发酵茶、全发酵茶、重发酵茶。我国六大茶类中，黑茶是真正意义上的发酵茶。

2. 黑茶的历史

“黑茶”一词，由来已久。据历史资料记载，最早可追溯于明嘉庆三年御史陈讲的奏疏：“以商茶低伪，征悉黑茶。”据考证，该茶是经过蒸腾之后再进行踩压紧包加工而成，具有明显的发酵特征，由此可以判定此茶为黑茶。

黑茶最早盛行于我国的云南、四川、陕西、广西等地。后来，由于受到传统饮食习惯的影响，也得到了以肉质、奶为饮食主体，但缺乏维生素摄入的藏族、蒙古族和维吾尔族人们的钟爱，从此黑茶踏上了它的遥远征途。多年以来，黑茶已渐渐成为了这些少数民族日常生活中不可替代的必需品。在我国古代，黑茶被直接称为“边销茶”。

3. 黑茶的种类

黑茶主要产于我国云南、湖南、广西、四川、湖北等地，可分为：安化黑茶、雅安黑茶、普洱茶、藏茶、湖北青砖、泾阳茯砖等。

湖南安化黑茶，以绿毛茶为原料，经过二十天左右渥堆、蒸压、发酵、团块而成。成品茶通常为紧压茶，色泽黑褐，独具醇厚滋味。安化黑茶实为本人钟情的茶品之一。

四川黑茶，唐宋时期茶马交易的重要起源与杰出的代表之一。我国古代茶马交易的集散地主要为四川雅安地区和陕西汉中地区，以当时的交通条件，由雅安出发到西藏通常需要 2 ～ 3 个月的时间。没有避雨遮阳的设备，运茶马队沿茶马古道一路前行，沿途又多为潮湿多雨的山区，茶叶常常被雨淋湿，而天晴之后，湿茶又被自然风干、晒干，这种干湿交替的特殊发酵过程其实就是微生物在持续参与发生作用的过程，由此竟然产生了一个意外的结果，演变出了品质完全不同于出发时的另一种茶品。

藏茶，黑茶的鼻祖，距今已有 1300 多年的历史，是我国古茶类中收藏价值极高的茶种之一。藏茶的原产地是四川雅安。藏茶具有四大特点：茶汤色“红”，茶味“浓”厚，越“陈”越香，口感甘“醇”。

青砖茶，也称湖北黑茶，名中虽然带“青”，却为黑茶中的一种。湖北赤壁羊楼洞是青砖茶的原产地与著名产地，距今已有超过 200 年的生产与加工历史，有“砖茶之源，百年洞庄”之誉。青砖茶是以老青茶为原料，经高温蒸压而成，汤色澄红而透亮，口味浓郁而纯正，回甘持久而绵长，且独具其它类黑茶所没有的一种自然的茶香。

陕西茯茶，出产于陕西咸阳的泾阳地区，距今已有近千年的历史。陕西茯茶最初出现于宋朝，在明清和民国时期达到鼎盛阶段。陕西茯茶色泽油润而黑亮，茶体紧压而成块，内里金花茂盛，茶汤橙红清亮，品饮菌香溢于唇齿，滋味稠厚绵长。陕西茯茶的独特茶性很适合高寒地区以及高脂饮食、缺乏蔬菜地区的人们日常饮用，尤其是针对以肉食为主的游牧民族而言，其作用更为突出。西北地区有“宁可三日无粮，不可一日无茶”之说。

为了提高黑茶的品饮效果，需要提醒初涉茶事者一点，那就是“泡以紫砂，煮以陶泥”。此外，由于黑茶的特殊加工工艺，饮用前必须洗茶。

4. 黑茶的功效

对于摄食高能量的现代人群而言，黑茶具备的第一个显著功效是：减肥降脂。黑茶独特的成分，使其具有了其他茶类无可比拟的消除脂肪、降低血脂、抑制血小板凝聚的保健作用。同时，还能促使血管壁松弛、软化血管，增加血管的直径，从而抑制主动脉及冠状动脉内壁粥样硬化斑块的形成，预防心血管疾病。

黑茶中的茶黄素、茶氨酸、茶多糖以及类黄酮等物质，具有清除体内自由基的功能，因此，也具有抗人体器官氧化、延缓细胞衰老的作用，并对肿瘤细胞具有明显的抑制作用。

黑茶中的咖啡碱、氨基酸、维生素、磷脂等物质有助于人体消化功能的改善，增强脂肪代谢。最直接表现就是饭后饮黑茶，明显感觉有助消化，降低腹胀感、消除油腻感，且排泄通畅。

黑茶中所含元素还有抑制血压升高、降血糖、利尿的作用。

黑茶中富含的茶多酚元素有助于烟草中的有害物质，如尼古丁及其他重金属元素沉淀，并随小便及时排出体外，从而能降低吸烟对人体的危害程度。当然，饮用黑茶并不可能彻底消除吸烟对人体健康的危害，关于这一点，要正确认识与理解，千万别以为饮用了黑茶就能毫无节制地吸烟。

此外，黑茶中还含有多种矿物质、维生素、蛋白质以及氨基酸等营养成份，可以起到一定的膳食营养作用。

黑茶的独特加工工艺，如发酵发花等，使其具有了保健与药用等多种功能，在降血压、降血脂、降血糖、预防心血管疾病、抗癌以及减肥等各方面具有显著功效，成为了名副其实的中华“养生茶”。

2. 原始的嘶吼

——古树普洱

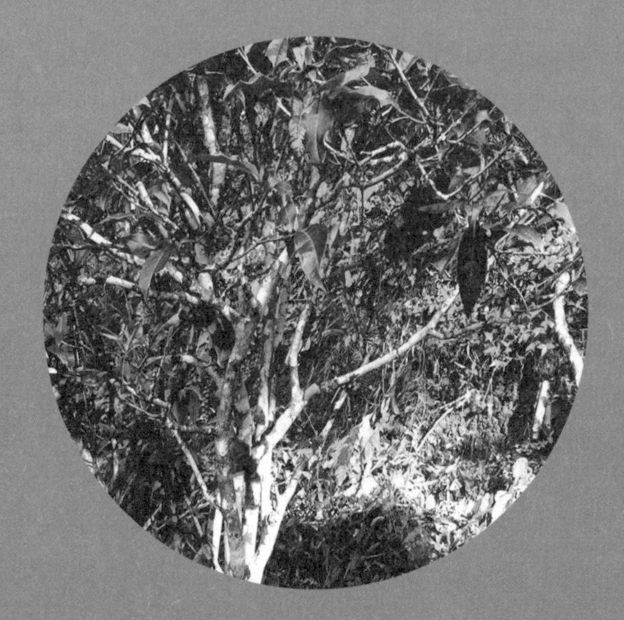

普洱——可以喝的古董

信任是人世间最美的礼物

一、驻马采茶的梦

出于对安化茯砖的偏爱，我开始对其他黑茶特别关注，普洱，自然而然进入了我的茶生活。

大树茶果然与众不同

“不羡黄金罍，不羡白玉杯，不羡朝入省，不羡暮登台；千羡万羡西江水，曾向竟陵城下来。”

一直羡慕茶圣陆羽“心无牵绊，羽衣野服，驻马采茶，遇泉品水”的生活。尽管无法腾出太多的时间去探寻茶之源渊，茶中之道与博大精深的中华茶文化，但那颗驿动的心却总在心灵深处不停地骚动与作祟，无法按捺与平息。这一次，毅然决定暂时放下所有牵绊，来一场说走就走的旅行，走一次无牵无绊的寻茶路，圆自己一个寻茶之梦。

出于对普洱的情有独钟，我首先去探寻被称为“北苦南涩、东柔西刚”的云南普洱，目的地就选云南西双版纳境内，澜沧江内六大古茶山——革登、倚邦、易武（漫撒）、蛮砖（曼庄）、莽枝、攸乐（基诺）。

六大古茶山为云南最古老的茶山，也是中国最古老的茶区之一，从清代开始就是普洱茶的重要产区，分布于西双版纳东部，澜沧江东岸。清乾隆年间《滇海虞衡志》中记载，“普茶名重于天下，出普洱所属六茶山，一曰攸乐、二曰革登、三曰倚邦、四曰莽枝、五曰蛮砖、六曰慢撒，周八百里。”《普洱府志》中也曾这样描述，“普洱所属六大茶山……入山作茶者十余万。”

先抵昆明，然后转机去西双版纳，再去六大古茶山。飞机一落地，昆明给我的第一印象就是“茶味”，机场看到的第一眼，我也真想“赖着不走”。

景洪，傣语意为“黎明之城”，是西双版纳州的政治、经济、文化中心。一直以为“版纳”是地名，这次才知道，版纳是行政区划的名称，相当于“县”。景洪是云南西双版纳傣族自治州的首府，也是我国陆地领土的最南端。

独具民族风情的景洪机场

贯穿云南，流经景洪的“东方多瑙河”澜沧江，梦中来过很多遍的地方。

到达景洪时，已是夜里十点了。找到预订好的酒店，换上舒服的短裤，直奔澜沧江边。热闹的夜市上到处都是云南的特产——烧烤，场面甚是壮观。

拼桌意外结识了一对直爽的沈阳姐弟，啤酒加烧烤，犹如相识多年的老友。

这次是寻茶之旅，尽管很想去野象谷、原始森林等著名的风景区，因为时间有限，只能作罢，却意外遇到了一种特殊的傣族文化，贝叶。

贝叶文化是古代的傣族人将佛经抄写在一种叫贝叶棕的植物叶片上，经过特殊处理得以保存数百年而得名的一种当地的民族文化与佛教文化。

但动人的是其美丽的传说。

很久以前，一个傣族青年思念远方的爱人，就用芭蕉叶每天写一封信交由一只鹦鹉为他们传送。但芭蕉信尚未送到便枯萎了，无法辨别字迹。少年在森林中找到一种特殊的棕榈叶片代替芭蕉叶片，从此，传递的书信字迹完好如初。

自此，在傣族文化中，贝叶象征着美丽的爱情。

不过，景洪有一点出乎我的意料。原以为像昆明一样“四季如春”，没想到真的很热！后来才得知，景洪是云南三大“火炉”之一。

二、美女蛇居住的地方

茶人，把易武比作“茶人的麦加”，这次终得虔诚朝圣的机会。

易武，意为“美女蛇居住的地方”，听起来有些恐怖哦！

易武早在上千年前就有古濮人开始种植茶树，到唐朝发展到了“山山有茶园”的繁荣阶段。元朝时期，由于战争和疾病导致当地土著民族人丁锐减，茶园大量荒芜。明末清初许多老茶园开始恢复种植，易武茶进入了它的第二个发展高峰期。那些如雷贯耳的茶庄，如“车顺号”“同兴号”“同庆号”等诞生了。迄今这些遗址还保留着，等待着茶人的顶礼膜拜。

从景洪到易武，120 公里山路足足走了三个半小时，一路山涧、溪流、茶山相伴，尽管山路陡峭崎岖，倒也乐在其中。

易武没有高档宾馆，你可以选择这种有品味的客栈落脚。安顿好了自己之后，我便马不停蹄开始寻茶。由于春茶期已过，客栈里的人很少，只有一家干净整洁的茶叶店开着门，门口一个女孩儿与一位老者正在分拣黄片，便贸然过去打听如何去易武古茶山。尽管明确表示我不是茶商，女孩儿仍然落落大方地邀请我品茶。

客栈前正在捡黄片的女孩儿

这是一个典型的湘西妹子，清新、清秀、清爽、清灵，不仅漂亮灵气，而且善解人意。聊天中得知，她叫小蓉，与丈夫从湖南来易武经营茶叶已三年。

接下来的寻茶经历大大出乎了我的意料。

由于小蓉的丈夫今天要去偏远的麻黑寨收鲜叶，小蓉便决定自己开车带我去她叔叔的茶厂参观普洱的加工过程，然后再去落水洞看古茶树。一个纤细、清秀的女孩儿难道对我这个素昧平生的北方大汉没有一点儿戒心吗？

我满腹疑虑地与小蓉上路了。

没想到都是山路，小蓉是个新手，开车非常谨慎，每次遇到汇车都停到路边等对方过去后才继续前行，开的还是一辆大皮卡。于是，我自告奋勇担任了司机。

出了茶厂，小蓉指引方向，我来开车，前往落水洞古茶山。

自古“湘女多情”，果然名不虚传，小蓉很随和健谈，尤其是一口婉转清亮的湖南腔，听着很受用。一路美景、美茶、美人相伴，忽感此生足矣。

生涩感渐渐褪去之后，我不禁问出了心里的困惑：“你总是这样一个人带着陌生人上这种没有人烟的茶山吗？难道你不害怕发生意外吗？”

“不总是，但我看得出你不是坏人。”

“这么肯定？”对于小蓉的回答我实在是无法理解与接受。

小蓉没有作声，微微笑了一下算是回答吧，笑容中流露出两个字：信任。

我不再追问了，因为信任是人世间最美的礼物。其实爱茶之人相遇彼此之间很容易产生信任感，或许这就是茶的魅力吧。

落水洞千年茶树王　　古茶树旁,茶仙相伴

回到易武镇，小蓉看我已有倦意，顾不上自己休息就马上招呼我喝茶解乏，真是个温柔体贴的湘西妹子。晚上，小蓉亲自做了湖南菜请我去家里吃饭，假装着一再推辞，还是去了。其实心里真的是巴不得呢！瞬间，我有些飘飘然了。

晚饭后，我们一起散步到了茶马古道的起点，易武老街。

易武是茶马古道的起点，“马帮贡茶万里行纪念碑”旁这条石板老街，
仿佛带着你回到马蹄声声的岁月中去感受曾经的辉煌与沧桑。

聊普洱，聊易武，肯定会聊麻黑寨的“麻黑茶”。

麻黑，一种少数民族的称谓。麻黑寨，位于易武的东北，与落水洞、大漆树两个茶园相邻。易武普洱以醇香柔和著称，而麻黑更具细腻、阴柔之风，在很多茶客的口中，被称为易武茶中最具“韵”味的茶，现在的麻黑已成为普洱中难得一见的收藏品了，能品到正宗的麻黑，对茶客而言，的确是一种福报。就我而言，我更喜欢大漆树的清甜，据说，南方的茶客则对麻黑的纯厚感更加偏爱。

小蓉还告诉我，易武古树茶的基本特点是茶汤顺滑柔和，口感清醇甘甜，苦涩较弱，回甘较长。易武在六大古茶山中种植面积与产量最大，目前，易武茶区仍然保留着少量没有矮化的古茶树和大量已经矮化的古树茶园。但是应当小心，易武古树茶也是茶叶市场上仿冒品较多的茶，你得独具一双慧眼与一支巧舌才能品尝到真正的“茶中皇后”。

易武有著名的“七村八寨”，七村：麻黑、高山、落水洞、曼秀、三合社、易比、张家湾；八寨：刮风寨、弯弓寨、丁家寨、旧庙寨、大寨、曼撒寨、新寨、倮德寨。此次虽然没有一一领略，但缺憾才能留下念想。

花看半开，酒饮微醉，才是佳趣。

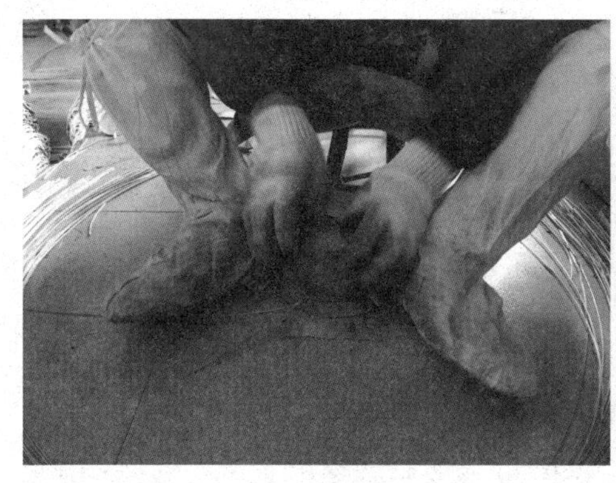

易武之行收获满满，现场制作的一篓麻黑

易武，还有小蓉，留给我的是漫漫的浮想与满满的茶香。此行不仅圆了梦，还想把这茶梦继续做下去。

愿美丽的茶梦常在。

三、远逝的茶王树

革登古茶山的名气异常鼎盛，主要源于那颗“茶王”树，到底如何？

革登，意为“很高的地方”，在六大古茶山中有着特殊的历史地位。

革登古茶山在六大茶山中面积最小，至今已难寻盛景，也是破坏较为严重的古茶山之一。但是，却是六大古茶山中名气最大的一座。

《普洱府志》中曾记载清嘉庆年间，革登有一棵特大的茶王树，每年采春茶前，周边的茶农都要祭拜，但早已枯死，不复存在。

今天的革登古茶山，早已名存实亡。但是，既来之则安之，总得体验一下革登古茶山残留的那一丝古风吧。

荒芜但不失质朴，沉默而蕴含沧桑。

革登茶的特点：富含山韵，回甘较长，苦涩较弱，茶汤滑顺。

四、渐行渐远的古茶山

听说莽枝古茶山历经磨难，现存留于世的古茶树已为数不多了。而且当地的茶农为了增加茶产量而砍伐大树以增加光照，毁坏古茶林中大树的情况非常严重，导致莽枝古树茶的品质已有了明显的下降。但我决定还是要亲身体验，以断真伪。

莽枝，意为“埋铜 （莽）之地”。

清初，莽枝茶山牛滚塘已成为六大茶山中重要的茶叶集散地。清雍正时期，西双版纳成立普洱府，从而带来了整个普洱茶的繁荣。据《滇云历年传》中记载“雍正之年（公元1728)，莽枝产茶，商败践更收发，往往舍于茶户，坐地收购茶叶，轮班输入内地”。

莽枝茶山普洱茶的出产地主要有曼丫、江西湾、口夺、红土坡、秧林等地，据说，其中以曼丫最为称道。

第一次品尝蛮枝古树茶，感觉与革登茶相似，但茶气好像稍逊几分。

五、曾经的辉煌

倚邦，意为“有茶树与水井的地方”。

倚邦古茶山历史悠久，尤其是清代雍正时期的贡茶“曼松茶”成为倚邦茶的代表，名噪一时。今天，普洱茶的名气可以说就是以倚邦茶为起点的。但历经多次毁坏，现今倚邦古茶树的存量非常小，如今的曼松古树茶已很难再现于市场了。

倚邦在历史上最著名的是圆茶，也就是大家所熟悉的七子饼。

之后，易武崛起，云南茶开始了勐海独领风骚的时代。

倚邦古树茶的特点：苦味较淡，涩比苦重，回甘快，香气高，有蜜韵，茶汤甜滑，留香悠长。

六、古今依旧

听说蛮砖古茶山是六大古茶山中保存最完好的一座，而且当地所产台地茶的品质也值得称道，应该一改前面所经历的沧桑遗风吧。

蛮砖，意为“大寨子”。确如其名，蛮砖有两个著名的村寨，曼林、曼庄，从明朝至清朝末年，曼庄就是蛮砖古茶山的主要茶叶贸易集散地。

“曼庄”在历史上被写作“蛮砖”，这也是蛮砖茶山得名的由来。

蛮砖古茶山种茶历史非常悠久，《滇海虞衡志》中提及六大古茶山时认为“以倚邦、蛮专者味较胜”。

历史上，蛮砖古茶山的茶园虽多，茶号却很少，清末民初所产之茶大多卖给易武的茶号进行加工，故有“易武七子饼一半是蛮砖茶”之说。

在六大古茶山中，蛮砖一直都比较低调，并不受重视，但正因如此，蛮砖古茶山在历史上才没有蒙受过较大的灾难，至今得以完整保存。

蛮砖古茶山，的确是六大古茶山中现今保存最好的一座茶山，不仅老树保留较多，生态环境保存得也较好，大树基本没有经过矮化。

蛮砖古茶山的茶园基本集中在蛮砖和蛮林两处，古茶树散布在原始密林中，有树龄超过三百年的老茶树，几代茶农一直在精心照料着。

曼庄茶山的万亩新茶园又是另一番美妙景象，株株茶树郁郁葱葱，盘绕群山，古茶山和新茶园相映争辉。

蛮砖古树茶的特点：新茶中含有一种浓厚粗犷的山野气韵，较寒凉，与易武茶的高亮香气相比，气韵较低沉、质朴。而茶汤饱满顺滑、回甘内敛、留香持久，苦涩之味较轻。

七、曾经的遗落

攸乐，基诺族过去的称谓。

攸乐是距离景洪市最近的古茶山。

攸乐茶山在历史上位居“六大茶山”之首，是云南大叶茶的中心产地。相传攸乐茶源于孔明所遗茶树种，故尊奉孔明为茶祖。

攸乐茶山是六大古茶山中现存最大的古树茶区，存留很多几百年树龄的古茶树。现今攸乐山古茶树最多的村寨当属龙帕古茶园。龙帕古茶香气高亮，苦涩度高，回甘持久，茶性较烈。

“火烧茶”是基诺族制作的一种特殊的茶品。

每当贵客来临，主人就到村旁古茶园中采摘新鲜茶叶，用野生冬叶将新茶包裹起来，放在火炭上烧烤。当外层冬叶烤干后，将茶加水煎煮饮用。此法制作的火烧茶，茶汤清澈而通透，烘烤香气浓厚，而回味甘甜持久。

为提高产量，经过人工矮化的“古茶树”；虽然仍属古树茶，但已不能称之为“大树茶”了。

品质很不错的台地茶

攸乐的意外收获——金丝红茶

这种用当地野生古茶树制成的红茶最大的特点是甘甜，蜜般甘甜无以伦比，而且非常耐泡，即使到了第四泡也一样醇厚。真不知道以后还能否接受其他红茶。

这款茶有个浪漫的名字——月光美人

据说，这月光白是专门在皎洁的月光下采摘茶树的嫩叶，然后在月光下阴晾制作而成，整个过程不见一丁点阳光，极具阴柔之美，所以有一个曼妙的名字，“月光美人”，也被称为最适合向爱人表白的茶。

月光下，呷一口清甜的月光白，然后向身边那最心爱的女人委婉地吟一句：“今晚月色真美。”那时那刻，便是最美，最无法抗拒的表白了。

攸乐有一首著名的《龙江打油诗》：“昔从武侯出汗巴，伤心丢落在天涯。于今不问干戈事，攸乐山中只种茶。”讲述的就是诸葛亮与攸乐古茶山的故事。

据说，早先的基诺族人随诸葛亮南征到达此地，不小心掉了队而在当地居住下来。诸葛亮为了他们今后能够生活下去，便派人给他们送来了茶树籽，让他们在附近的山上以种茶为生，攸乐茶山由此而来。

这个颇有古韵的传说，也算是中国茶文化的一个组成部分吧。

攸乐古树茶的特点总体与原来接触过的易武茶相近，苦涩感稍重，山韵明显。

八、意外的收获

走过了澜沧江内的六大古茶山，总觉得有一丝缺憾。

听当地人说，望天树是西双版纳特有的树种之一，仅分布在勐腊县的补蛙、景飘等地，非常壮观，很值得一看。掐指一算，能多腾出一天时间，便欣然背包启程。

勐腊，“勐”为地区，“腊”为茶的意思。勐腊就是献茶之地。

相传，释迦摩尼云游到此，当地的人们将茶水倒入河中以献佛祖，勐腊因此得名。

望天树，是勐腊的著名景观。

望天树属龙脑香科，常绿高大乔木。此树长得异常挺拔，且笔直如剑，高达七八十米，直插蓝天，享有“林中巨人”的美誉。

意外的收获
——勐腊野生大叶茶

其实真正的野生茶是指完全依靠自然生长，没有经过任何人工栽培与优化的茶树加工的茶。由于未经过人工驯化，故很多野生茶是不能够入口的，甚至含有一定的毒素，所以，可以饮用的野生茶的数量很少。但是，原生态的野生茶没有受任何污染，一直以来都受到茶人的追捧。

勐腊野生大叶茶口感非常丰富，这是野生茶的突出特点之一，而且香气高远，回甘稳定而持久，比普通茶耐泡。

这次中老边境六大古茶山之行，我真正地体会到了普洱山野之气的独特韵味。那云、那雾、那山、那树、那人、那茶无处不在流淌着原始与古朴的气息。置身古老的普洱茶树下，依稀还能感觉到远古时代古濮人的身影、火把、刀斧与旌旗。应着此情此情，再斯文的人也想扯着喉咙，嘶吼几声，爬上那并不十分粗壮但已历经几百年沧桑的古茶树，亲手采摘下一芽两叶，忍着灼烫尝试一下锅炒杀青，向老师傅们学着揉捻，晒干后再仔细地挑出黄片，然后蒸汽蒸压成型。

其实还想亲身体验一下“新六大古茶山”的南糯、南峤、勐宋、景迈、布朗、巴达，魂牵梦萦已久，所憾的是时间有限，毕竟还不是闲云野鹤之人，忍忍吧。

千里迢迢地回到了家，却怎么都舍不得拆开我亲手用笋壳捆扎成的七子饼，更别说冲泡了。犹豫多日之后，最终还是像保存一件传世之宝一般，把这从彩云之南，云雾之中走来的神秘之物供奉在了百宝架之上，每日里嗅着茶香，静静地等待着它慢慢陈化出悠悠绵长。

九、普洱小常识

在云南有个叫“普洱”的地方。唐宋元明时期，其名为“步日”“部耳”，到了清朝才被正式称为了“普洱府”。今天的普洱，已成为了中外闻名的“茶城”。

“濮人”是我国最早种茶的民族，“普茶”即“濮茶”，“普洱”即“步日”。“步日”或“普洱”，是布朗族和佤族称呼“兄弟”的意思。“普洱”其实就是佤语“步日”的同音异写。

普洱茶树生长于海拔 1200 ～ 1400 米的亚热带、热带高山密林之中，澜沧江流域是云南普洱茶的发源之地。澜沧江在流经西双版纳时，江面骤然变宽，江水如游龙般神秘地穿行在热带雨林之中，由此，九龙江成为了西双版纳地区对这段江域的美丽别称。而九龙江两岸，就是西双版纳著名的十二大古茶山，在这山、水、林间，马蹄声声踏出了古老普洱的世间演义与历史变迁。

生普

普洱茶是以云南大叶种晒青毛茶为原料制作而成。
普洱茶根据发酵方式的不同分为生茶和熟茶两类。
生普洱是成型后在存放过程中经过自然发酵、陈化而成，老普洱以此法制作。

熟普

熟普洱是在成型前人工渥堆发酵，再存放陈化，新普洱大多依此法。
普洱熟茶的汤色通透明亮、色泽栗红，滋味醇厚、平和滑爽、回甘悠长，具有独特的陈香与闷香。

茶道中常言：绿茶泡三四道，红茶泡四五道，乌龙七泡有余香，普洱则能泡一二十道。对于普洱茶，一道水，二道茶，三道四道是精华，五道六道也不差，七道有余香，八道有余味，九道十道仍回味。

应用 100 度沸水冲泡普洱茶，第一道茶汤应用以净茶醒壶，不可饮用，可以先泡后煮或直接以煮代泡。因为普洱“泡”与“煮”出来的滋味是完全不同的，尤其是对于老普洱而言，它的惊艳往往是“煮”出来的。

普洱的迷人之处，还由于其赏心悦目的汤色。有人用“玛瑙”“红宝石”“琥珀”等来形容普洱茶汤，更赋予了普洱茶无穷的遐想空间。

在漫漫岁月的流逝中，普洱茶越陈越香的品质、茶品丰富多彩的变化，加之饮茶人面对时间长河的心灵感动，使得品饮老茶成为了难得的享受。所以老普洱被称为“可以喝的古董”。

茶人对普洱的执着与依恋，就是想去追寻那一缕远逝的古老茶香。

虽然茶马古道的铃声已逝，但普洱却依旧牵引着茶人们的思绪，回到那山涧、林间，回到那马蹄声声的岁月。

茶马古道的起点

3. 捉摸不透的色彩

——紫茶

带有梦幻般悲剧色彩的茶

炽热的情感被烙上了忧郁与深刻的印记

自小就对紫色情有独钟，紫色的T恤，紫色的书包，长大后就连钱包、手表都会选紫色，为什么，自己也说不清楚，就是迷恋那略含一丝忧郁的颜色。

紫色，是由温暖的红色和冷静的蓝色融合而成。紫色，是波长最短的可见光，是最具视觉刺激感的色彩。

紫色，代表了威严、祥瑞、深刻和创造。

威严。紫色，通常代表着尊贵与权力。我国最著名的皇城被称为“紫禁城”。而在西方历史上，从罗马帝国时期开始，紫色就成为了帝王与帝权的象征，很多帝国都禁止皇室之外的人使用紫色。

祥瑞。与《桃花扇》的作者孔尚任被并称为“南洪北孔”的清代著名戏曲家洪昇在《长生殿·舞盘》中有过这样的词句：“紫气东来，瑶池西望，偏偏青鸟庭前降。”营造了一片祥和福瑞的氛围。

深刻。紫色代表了一种强烈而深刻的情感。紫色虽不象红色那么炙烈而火热，但它具有红色一样燃烧着的灼热感，同时，还蕴含着一种红色所没有的，冷静而凝重的湛蓝。二者的融合，使炽热的情感被烙上了忧郁与深刻的印记。

创造。从画家的角度而言，紫色是最难调配的一种色调，因为其中有无数的明与暗、冷与暖、素与艳、雅与俗的差异。因此，紫色是最具个人创造力的色彩。同时，紫色也代表着一种潜在的不确定性，这种不确定性使紫色带有某种梦幻般的悲剧色彩。

出于对紫色复杂的情愫，我迷恋上紫茶，那神秘的色彩与那一丝忧郁的意境。

紫茶，虽不在六大茶类之列，但茶圣陆羽的《茶经》中并没有遗忘，且置于很高的地位，“阳崖荫林，紫者上，绿者次，笋者上，芽者次”。

紫茶，是云南大叶种乔木茶中的稀有品种，嫩叶为紫红色，老叶为深绿色，因原叶呈紫红色而得名。同时，干茶呈墨绿色，冲泡后呈青绿色，因此，被茶区的少数民族形象地称为“三色茶”。在云南，目前紫茶品种主要有紫芽茶和紫鹃茶两种，二者均属于普洱的变异茶。

紫芽茶树分布在云南西部的莽原丛林中，因为地理环境、气候、季节等自然因素引发了基因突变而形成，一般仅芽头变异为紫色，叶片肥厚而叶脉清晰。目前尚无法人工栽培，所产紫茶均为野生紫芽茶。紫芽茶生长期虽长，但采摘期却极短，每年三月初开采，中旬就结束，因此数量极其有限，异常珍贵。

而紫鹃茶树是人工栽培而成的茶树品种，具有特异性和遗传稳定性，其紫茎、紫叶、紫芽，且芽叶茸毛较多，叶片薄而叶脉不清晰。

紫茶是按照普洱茶的传统加工工艺制作而成，同普洱一样分为生茶及熟茶，也具有普洱茶越陈越香的茶品特性。

紫茶的花青素、黄酮类物质及氨基酸的含量远远高出一般的茶，对于降血压、降血脂、预防动脉硬化、减肥、防癌等保健功效比一般的云南大叶种茶更为显著。尤其所含花青素高于其它茶类 50 倍以上，有防辐射、抗衰老、净化血液的神奇功效。而紫芽茶与紫鹃茶相比，紫娟的花青素和黄酮类物质又高于紫芽。但是，这一点并不是我所看重的。就个人而言，更偏爱紫芽茶，毕竟是品茶而不是吃药，视觉与味蕾中的感受才是最重要的。

紫茶是一款遇水而变的茶，不同 pH 值水质冲泡同一款紫茶，其茶汤的色彩与品饮的味蕾感受也会随之变化。pH 值 7.0 左右的中性饮用纯净水，水温控制在 85℃时，回甘明显，甜醇浓厚，冲泡口感最佳，而茶汤呈浅紫色，色泽艳丽；水温高于 85℃时，会有稍许苦涩感；而水温低于 85℃时，则茶味清淡很难泡出深层次的底蕴。pH 值小于 5.0 的偏酸性水冲泡紫茶，茶汤呈红色；pH 值大于 8.0 的碱性水冲泡，茶汤则呈暗绿色。

紫茶出汤前，对汤色的期待与臆想是最具遐想意味的，如同玉人赌石。因为人们通常会对未知的事物更感兴趣，茶人也是如此。

紫茶最迷人的魅力，就在于它独具的这种迷离难测的色彩，清澈通亮，红中透紫，紫中泛绿，神秘莫测，耐人寻味。

紫鹃茶

紫芽茶

4. 暖身、暖心、暖情

——红碧螺

一见钟情以身相许的茶

一不小心就会遭遇浪漫的茶

一、意外邂逅

云南，还有我特别钟爱的一款茶，红碧螺。

对于红碧螺的偏爱，源于一次意外的“邂逅”。

好像每个人的生命中都会遇到某个特殊的阶段，感觉就像中了邪、着了魔，工作、生活、感情同时出现问题，完全陷入一个怪圈，怎么绕也绕不出去，越缠越紧，越缠越乱。2016 下半年的我就是如此，萎靡不振，情绪低落，少言寡语，完全不在状态。

那是个寒冷的冬日，身冷、心冷，对于周围一切的感觉，由内而外就一个字，“冷”。百无聊赖中，我开始整理我的存茶，一盒滇红跃入眼帘。

这是一位外地同事送我的，应该有一段时间了，几乎已经被我遗忘。

我原本是不怎么喝红茶的，没有什么特殊的原因，只是隐隐约约地觉得红茶应该是属于小资女性的小资茶，就是欲说还休、眉目传情的那种，甚至还有几分暧昧与迷离隐含其中。它的性情应当更接近于咖啡或红酒，西装与口红的意境。

但是今天我想尝试一次，或许改变可以带来意外。

意外！真的是意外！

干茶暗红、湿茶润红、汤色透红。正好我用的是白色骨瓷的盖碗，红与白、茶与盏互为印衬，此情此景犹如与古代婉约女子的“邂逅”。而出汤一嗅的瞬间，就一个字，“暖”。完美的一见钟情，注定要情定终身、以身相许。回过神，开始仔细考究它，原来它是大叶种滇红的一种，还有一个好听的名字，“红碧螺”。

红碧螺，又名红曲茶，属于滇红茶中的一种，是采自云南凤庆鲜嫩度适宜的大叶种芽尖，按照类似碧螺春的加工方法制作而成。因其外形与名茶碧螺春几乎相同，但属红茶类，故得此名。红碧螺，芽叶壮硕，密布绒毛，香高甘醇，汤色红艳，嗅之，其香气如花蜜，浓厚悠长；品之，其滋味如尝蜜，浓纯甘爽，实属红茶家族中的精品与极品。

据说凤庆红茶，因其上佳的品质曾作为国礼赠予英国女王、斯里兰卡总统等诸多外国政要。（斯里兰卡的锡兰红茶也很有名哦！）

冬日里与三两好友相聚，铺开桌旗，摆上茶垫，红碧螺成为了杯盏中的首选。每当此时，不禁想起这样一段话：寒夜客来茶当酒，只有红茶，因为，茶亦醉人何须酒，所以雪中煮茶论英雄。

红碧螺“梦幻”般的茶汤

看完这段“红茶品”，所有的烦恼都该烟消云散了吧？

还没有？

那好，就找一个雨天的日子，一个人坐在窗前，什么也别想，什么也别说，独自只听雨声，只看雨落。只要一杯暖身、暖心、暖情的红碧螺，让自己一整天都沉浸在这温暖之中。

浅酌一口，口齿生香；满品一杯，定能体会到“知言无语，如是人生”！

然后告诉自己：人生有很多路，只能一个人走。有时候，当你觉得无路可走，那是上天给你放了个假，你就坦然休息，静静地等待结局吧。相信凡不是最好的结局，那就不是结局。

二、红茶小常识

最具国际范儿的茶
一不小心就会遭遇浪漫的茶
像葡萄酒一样有故事的茶

1. 简言红茶

红茶，因其冲泡后呈现的茶汤和叶底为红色而得名。

红茶，是以茶树的新鲜芽叶为原料，经过萎凋、揉捻、发酵、干燥等一系列加工工艺精制而成，属全发酵茶。

红茶，为我国绿茶外最大的茶类，也是在全世界范围内出产与分布最广的茶。

我国红茶的品种非常多，主要有祁红、滇红、苏红、英红、川红、霍红、越红，等等。

红茶在制作初期被称为“乌茶”，在之后的加工过程中逐步发生了茶多酚酶促进氧化的化学反应，因此，鲜叶中的化学成分发生了很大的变化，茶多酚减少90%以上，并产生了茶黄素、茶红素等新的成分，因此，香气物质比鲜叶时明显增加，所以红茶具有“红”茶、“红”汤、“红”叶和甘甜醇香的特殊品质。

红茶，是包容性最好的茶类之一，可与其他物质相融，形成融合类的茶品，如与奶相融形成奶茶，与柠檬相融形成柠檬茶等。

2. 红茶的历史

红茶，英文为“Black tea”，是最具国际范儿的茶。

中国，曾经是世界上唯一生产茶叶的国家，也是世界红茶的发源地。

曾经，流行于世界各国杯中的茶都是中国所产。最早将茶引进到欧洲的则是荷兰的东印度公司，但当时被引进的茶是绿茶，不是今天盛行欧美的红茶。由于荷兰控制着当时的中外茶叶贸易交易，所以英国只能从荷兰进口茶叶。1652 年，英荷为利益争夺而爆发战争，战争中英国打败荷兰，从而夺取了荷兰的霸权地位，也夺走了世界茶叶的贸易权，从此，英国国内所需的茶叶就开始直接从中国进行输入了。

1689 年，英国政府在中国福建厦门建立采购基地，并开始大量收购中国的茶叶运往英国。当时英国在厦门所收购并流入英国市场的茶叶，大部分为福建的武夷茶，该茶属于半发酵类的红茶。同时，因为英国人嗜好红茶的口感远超绿茶，自此，红茶逐步取代了绿茶在欧洲市场上的主导地位，并且很快发展成为西欧茶的主流，也由此出现了独特的欧洲红茶文化。

当时的武夷茶，色泽黝黑，故被英国人称为“Black tea”（直译为黑茶）。武夷茶在冲泡后红汤红叶，按其性质应归属于红茶类。但是，当时英国人的惯用称呼“Black tea”却一直沿袭至今。

3. 红茶的种类

世界红茶的主要产地有中国、印度、斯里兰卡、肯尼亚以及印度尼西亚。

而我国的红茶根据产地分为：祁红、滇红、霍红、苏红、湖红、川红、英红、昭平红、宁红等。

我国红茶最具代表性的有三类：福建武夷山桐木关的正山小种，它是世界上第一款红茶，是红茶的鼻祖；最顶级的是武夷山的金骏眉，其实它是正山小种的芽头制作而成，应该算是正山小种的极品；而安徽祁门红茶是香气最高亮、丰富、独特的红茶。

祁门红茶

金骏眉

正山小种

4. 世界四大著名红茶

（1）中国祁门红茶

祁红，最早出现于19世纪后期的中国安徽，被称为世界三大高香红茶之一、中国历史名茶、传统功夫红茶。祁红主要产于安徽祁门县，依据品质的高低分为七级，目前主要出口英国、德国、荷兰、俄罗斯、日本等国家和地区，多年来，祁红一直被当做中国的国事专用礼茶。祁红最大的特点，也是最具辨识度的一点，是其独有的一种高亮的馥郁香气，这香气被专称为“祁门香”。

（2）印度大吉岭红茶

该茶其实源于中国的正山小种，其加工工艺在当地被加以改良而成。大吉岭红茶产于印度西部喜马拉雅山麓的大吉岭高原一带，其中5～6月茶的品质最佳，带有一种特殊的葡萄香味，被称为“红茶中的香槟”。该茶的口感柔和而细腻，包容性强，可融合其他原料做成奶茶、冰茶以及其他花式茶饮用。

（3）斯里兰卡乌沃红茶

斯里兰卡红茶常常被称为锡兰红茶，是因为锡兰（Ceylon）曾是斯里兰卡的旧称，也有人根据音译称为“西冷红茶”。锡兰红茶与我国的祁门红茶、印度的大吉岭红茶并称世界的三大高香红茶。锡兰红茶有很多品种，其中颇具代表性的有乌沃茶、乌巴茶、汀布拉茶等，尤其是锡兰高地所产的乌沃茶最为著名。茶树地处山区，常年云雾缭绕，冬季的东北季风导致降雨量大，不利产茶，因此每年7～9月所产的乌沃红茶尤为珍贵，其汤色橙红透亮，茶汤表面围绕着金黄色的光环，犹如加冕的皇冠。

（4）印度阿萨姆红茶

阿萨姆红茶，因产自于印度东北部喜马拉雅山麓的阿萨姆邦而得名。该地区处强日照且雨量丰富的自然环境之中，有利于热带性阿萨姆大叶种茶树的生长与发育。阿萨姆红茶，外形细扁，色泽深褐；汤色深红偏褐，并带有淡淡麦芽香，滋味稠厚，属重口茶。

印度阿萨姆红茶与印度大吉岭红茶同样都来自于中国的茶树渊源，树籽都系从中国境内移植而去的。阿萨姆红茶的品饮还有一个显著特点，就是离不开牛奶，著名的阿萨姆奶茶就是阿萨姆红茶添加新鲜牛奶调制而成的。除了添加牛奶外，阿萨姆红茶还可与柠檬共同调制成清新爽口的柠檬红茶。

5. 中国十大知名红茶

（1）正山小种：“红茶鼻祖”，产于福建桐木关，以松木熏制而成，其独具的“松烟香”与“桂圆汤”天下闻名。

（2）祁门红茶：产于安徽祁门，具有“香高、味醇、形美、色艳”四大特点，是传统工夫红茶中的极品。

（3）滇红：产于云南，采用云南优良大叶种茶树的鲜叶为原料，属于大叶种红茶，其外形健壮肥硕、披满金毫，口感甘醇清爽、滋味浓厚。

（4）川红：又称为宜红，产于四川宜宾，是中国工夫红茶的后起之星。

（5）宁红：产于江西修水、武宁、铜鼓等地，是我国最早的工夫红茶之一。

（6）闽红：产于中国茶树宝库，福建政和、福鼎、福安等地。

（7）湖红：产于湖南安化、桃源一带，其中安化工夫红茶最具有代表性。

（8）宜红：产于湖北宜昌、恩施等地，上好的宜红茶汤会有“冷后浑”现象。

（9）越红：产于浙江绍兴、诸暨、嵊县等地。

（10）九曲红梅：产于浙江钱塘江畔。九曲红梅也叫九曲乌龙，茶汤鲜亮红艳，有如红梅而得名，是红茶中的珍品。

6. 红茶的功效

众所周知，红茶性暖，所以，红茶对人体第一个突出的功效就是养胃护胃。经常饮用添加了糖、乳品的混合红茶，还具有消炎，保护胃黏膜的作用，对治疗胃溃疡也有一定的疗效。

心脏病患者长期饮用红茶，可以有效地提升血管的舒张度，起到护理、保护心脏的效果。而女性朋友饮用红茶能够强壮骨骼，有助于预防女性常见的骨质疏松症。

红茶还具有杀菌消炎与解毒的特殊作用。因为红茶中的儿茶素类物质能够与单细胞细菌结合，使蛋白质凝固沉淀，以抑制和消灭病原菌；而红茶中的茶多碱能够有效吸附、沉淀、分解重金属。

提神醒脑、消除疲劳也是红茶对人体的重要功效之一。红茶中的咖啡碱可以调节神经中枢，刺激思维意识反应的敏锐度，并增强记忆力。

炎炎夏日，饮冰红茶能消暑止渴，调节体温，加速肾脏活跃，促进热量导出，有效维持人体的生理平衡。

5. 岁月中可见真情的茶
——白牡丹

古风犹存，日久弥珍的白牡丹

雨来赏雨，风至听风；赏得淡定，听得从容。

一、岁月中可见真情的茶

职场沉浮多年，若不为膝下幼子，早去过白居易的那种“食罢一觉醒，起来两瓯茶。举头看日影，已复西南斜。”的闲暇日子。这应该是很多茶人理想中的生活模式，但现实往往很骨感。

整日浸泡在物欲充斥、气息滞胀的狭小空间里，理气调息成为了忙中偷闲的一种功课。

气，或称之为“元气”。有人说，气是一个只可意会不可言传的缥缈之物，但在我国传统的中医理论中，气，却是人体的一种生理机能，是维持生命活动的最基本能量。

在纷乱的脚步中，你是不可能固本逸神的，而养气，首先需要慢下来。

慢，不是满，更不是惰，是一种平衡；不是一种状态，而是一种心态。慢，是源于内心的平静与自信而映射出的一种生活态度，表现出进退有法、张弛有度，无畏荣辱、无谓得失的状态。

慢，就是雨来赏雨，风至听风；赏得淡定，听得从容。

养气之茶，首选白牡丹。能让你慢下来的茶，仍然是白牡丹。喜爱白牡丹，喜的是其特殊的香气，爱的是独有的滋味。品饮白牡丹，品的就是那质朴，还有那没有丝毫矫揉造作的汤色。依恋白牡丹，依的是其“古”韵，恋的是其“气”息，慢条斯理、悠悠绵长。

白牡丹，绿叶夹着银色毫心，叶片肥硕、毫心丰满，外形似牡丹，故名“白牡丹”；冲泡后绿叶托起嫩芽，宛如蓓蕾初开；品饮时，独具果香、毫香鲜爽，口感清醇、回甘持久。

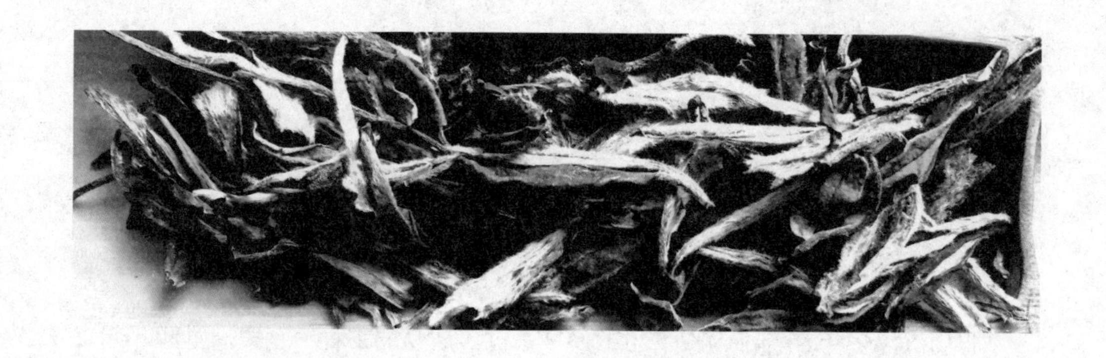

白牡丹，产于福建福鼎、政和等地，为中国历史名茶，属白茶类。

白牡丹制作工艺古朴而简单，只有萎凋和干燥两个工序。萎凋以室内通风或室外微弱阳光自然萎凋为主要方式；而烘焙干燥时，火候的把握很重要，过之则香气欠缺清爽之感，不足则香气平淡无蕴。

白牡丹，性属寒凉，有清肺祛热的功效，常做药用，尤其是老茶。

茶的保质期一般都为两年，过了两年，即使保存再好，香气也已散失殆尽。白茶却不相同，与普洱茶一样，存放年份越久，茶味越是醇厚而香浓，因此白茶素有“一年茶、三年药、七年宝”之说。

老白茶，贮存多年的白茶。白茶在长期的存放过程中，茶叶内部的成分缓慢地发生着变化，香气逐渐挥发，汤色逐渐变红，滋味逐渐醇和，茶性逐渐由凉转温。一般而言五六年即可算得上“老”白茶，而十几二十年以上的老白茶更加可遇而不可求，极具收藏价值。

所以，老白茶被称为岁月中可见真情的茶。

喜欢白牡丹，正因其沿用了原始、传统的古法制作而成，整个加工过程古朴天然又不失植物活性，使人颇感犹存的那份“古风”，且日久弥珍。

几乎被咖啡文化全面攻陷的都市中，一抹夕阳下，一个粗陶壶，一缕炭火，一段情愫，白茶带给你的是一种“闭门即深山”的意境与感受。古朴的古风、古韵中，一起来体会什么是“勇者从容，智者淡定”吧。

二、曲径通幽处

为了白茶，决定去福建寻茶，目的地当然是福鼎。

乘飞机先到福建的省会，福州。

这次寻茶之旅由于时间相对比较宽裕，所以，不打算再像先前那样苦行僧般地只顾着一路奔波着寻茶，因为生活是丰富多彩的，美食、美景、美妙之物皆能带来欢乐。我决定在福州休息一日，先感受一下具有悠久历史的传统闽文化以及福建的地方特色，让自己疲惫的心能够放松片刻。

突然想起一句话：旅行不仅是为了走出去，更重要的是把自己找回来。

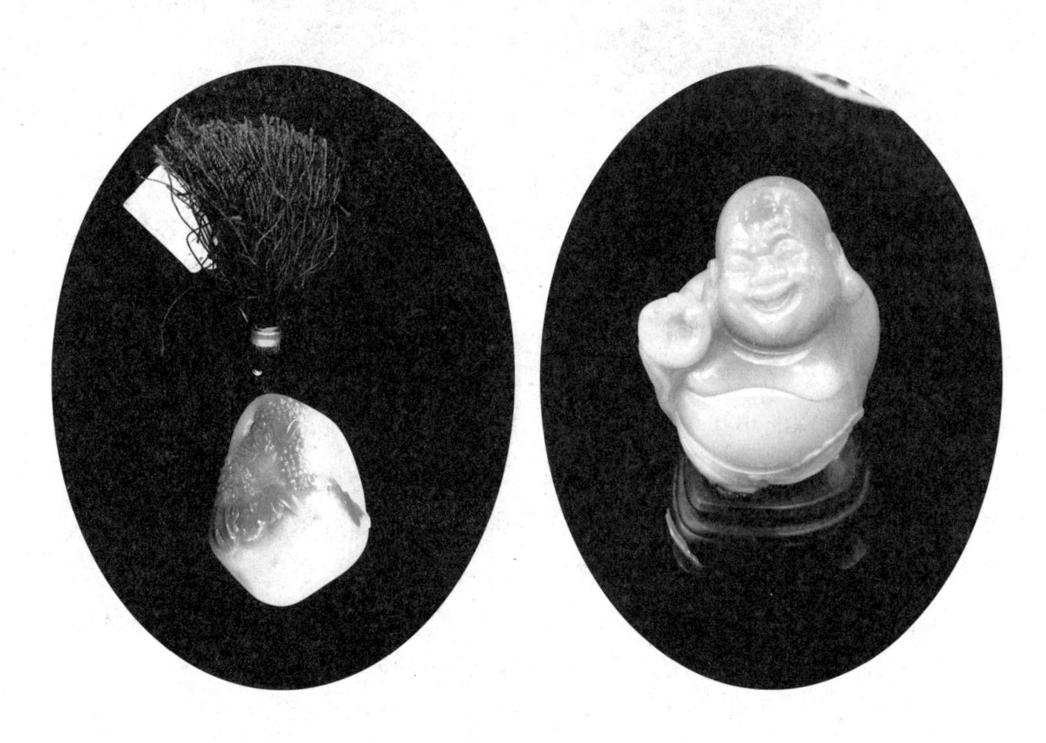

最后，选了一对貔貅印章原石。

一直有一个想法，就是学篆刻，只是一直在忙于俗事，疲于奔命，心总是静不下来。这样的印章原石我已经收藏了很多，陕西蓝田玉、新疆阿勒泰戈壁玉、宁夏贺兰山石，重庆大足石等，这次福建之行有了这对寿山石。

诗书画印也是茶文化中重要的组成部分。

当然，也忘不了品尝一下当地的美食，尤其是特色小吃。

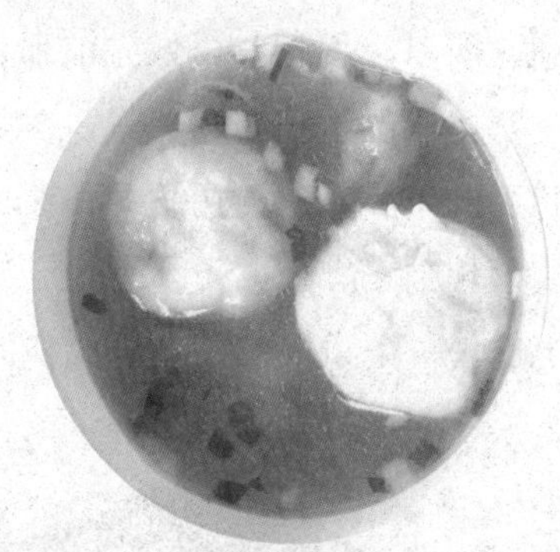

福州文化载体中名气最大的应该算得上“三坊七巷”。

据说“三坊七巷”是我国都市仅存的一块里坊制度的活化石，又被称为明清建筑的博物馆，福建文化的根与源。不管怎么样，还是要去感受一番。

“三坊七巷”中，西面的三片被称为“坊”，东面的六条则被称为“巷”，有林则徐、严复、沈葆桢、林觉民、林旭、冰心等福建名人的故居。

这里悠悠深深的小巷与宽阔大气的北京前门，时尚前卫的成都宽窄巷子截然不同，别具一番情调，最大的特点就是“幽静”，让人不禁想起“曲径通幽处”的诗句，闲坐片刻真的能让人感觉到“潭影空人心”。我最喜欢衣锦坊中的水榭戏台，下面有清水池，中间隔着天井，正面为阁楼亭榭。恰逢是个阴雨天，稍稍有些凉意，水清，风清，雨清，音清，再配一杯清香扑鼻的安溪铁观音赛珍珠，瞬间就洗去了略微有些辛苦的寻茶之旅中的那一丝风尘。

三、禅房花木深

懒懒散散的日子很惬意，我慵懒地流连于福州实在不想离去，但想想计划中后面的旅途还有很多地方，还有很长的路，最后不得不坐最晚的一班动车 D3110 前往福鼎。

还是先做做基本功课。

福鼎，因境内太姥山之覆鼎峰而得名。

福鼎是白茶的原产地。清代周亮工《闽小记》中记载："白毫银针，产太姥山鸿雪洞，其性寒凉，功同犀角，是治麻疹之圣药。"

福鼎原为主要白茶产区，解放后主要生产红茶、绿茶，近年来，因福建白茶的保健功效及药用价值逐步被认可，才恢复了部分白茶的生产。

到了福鼎已经是夜里十点多了，出了车站才发现，外面正下着一场大雨。

出乎我的意料，福鼎的动车站距离市区很远，比较偏僻，车站竟然没有一家宾馆，而且没有一辆正规运营的出租车，福鼎怎么这样？大雨中的我不得已只能上前与一辆"黑车"司机讨价还价。黑车司机开价 50 块，经过几番较量，最后答应了 30 块送我进城，但必须再拉一拨客人一起拼车。等了将近半个多小时，又拼了另一拨客人后，这辆"黑车"终于在大雨中出发了。

一直以来我就很反感"黑车"，所以一路上我黑着个脸一声都不吭。同车是一对本地夫妻，他们先到了目的地，下车的时候，我偷偷看到司机收了他们 20 块钱，那个家伙知道我发现了玄机，顿时有些尴尬。

算了，"宰"外地人应该是全国通用的惯例吧，我认了。

这个家伙最后把我拉到了位于市中心的一家连锁快捷酒店，房价非常便宜，环境也很干净，最重要的是距离酒店不远处有一条小吃街，从街外看灯火通明，热闹非凡。冲着这一点，我原谅你啦！因为我已经饿得前心贴后背了，这个时候，正常的餐饮店面应该早就打烊了。

第二天早晨很早起来，先去昨晚看到的那穿城而过的半海半河，半咸半淡的桐山溪畔溜达了一会儿，顺便看看象征着福鼎“鼎”文化的雕塑。

所谓半海半河，半咸半淡，是因为内陆的河水由此注入大海，而在入海口处海水回灌，所以前半段为淡河水，后半段为咸海水。

自古以来茶禅一味，有茶之处必有禅院，福鼎也不例外。

福鼎四面环山，每山必有茶园，每山必有寺院。

盘山之路陡峭、崎岖，而且非常狭窄，加之还下着雨异常湿滑，一路上有些心惊肉跳，但登顶之后却发现别有一番洞天。

昨天福州“三坊七巷”有了“曲径通幽处”，今天在福鼎的深云寺刚好应了下一句“禅房花木深”。

福鼎之行的主题是茶，寻茶去！

福鼎漫山
遍野都是“茶”

游完茶山自然要逛逛茶叶市场，点头镇是福鼎乃至全国最大的白茶市场。

相比其他茶类，白茶的自由基含量最低，黄酮含量最高，氨基酸含量平均值高于其他茶类，具有降血压、降血脂、降血糖、抗氧化、抗辐射、抗肿瘤等功效，还可以将人体免疫力细胞的干扰素分泌量增加5倍以上。所以白茶“似药而非药，非药但胜药”。“一年茶，三年药，七年宝”的白茶自然要带些回去。

第一次见到白茶
茶花压制的茶饼

准备离开福鼎了，听说到了福鼎一定要吃一顿正宗的福鼎肉片，即使是福建其他地方的人来到这里也是如此。不过个人觉得味道实在一般。

福鼎的日出像福鼎的白茶一样简单而清宁，转念间想起了老子的那句："万物之始，大道至简"。

带走了白茶，也带给自己一份独守清宁淡定的心境。

喝茶，其实是一种生活方式，一种人生态度。这种生活，这种态度不是让你遇到困难与挫折时无奈认命，而是让你学会在百般努力仍无法得到时学会放下。这种放下是一种自我的解脱与释然，不仅需要勇气，更需要智慧。

另一个白茶的重要产区，政和。

政和大部分属于山区及丘陵地带，其中低山面积占82.8%，丘陵占9.5%。政和的气候属亚热带季风性湿润气候，日照充沛，降水丰富，土壤肥沃，适合茶树生长。

作为中国白茶的重要主产区，政和白茶渊源极深，可追溯到唐末宋初。宋代，政和已成为重要的北苑贡茶主产区，所产的银针茶备受推崇，被誉为"北苑灵芽天下精"。 明朝，政和白茶产量已具相当规模，到了清朝时期，进入鼎盛。

走过福鼎、政和之后，对白茶有了新的认识。

白茶的制作工艺中，萎凋是最关键的环节。

白茶的萎凋，也可直接称为生晒。明代田艺衡所著《煮泉小品》中这样说："茶者以火作者为次，生晒者为上，亦近自然，且断烟火气耳。"不管是日光生晒，还是室内萎凋，核心就是两个字，"自然"。白茶的魅力就在于这种简朴与自然，天然去雕饰，清水出芙蓉。

这种抱朴守拙，其实就是一种生活态度，一种生活方式；一种为人的智慧，一种超脱的境界。放下所有纷争，自在随缘，宁静心安。

四、意外的收获绿雪芽

这次福建之行，原计划中并没有太姥山。在福鼎时，听很多当地人都提及了太姥山之美景，据说被称为中国最美的海上仙山，但我也毫不动心，直到听说了"绿雪芽"。

原来就隐约听说，大白茶主产于福鼎的太姥山，这次又听说了被福鼎人奉若神明的绿雪芽，不禁勾起了我的馋虫。由于从福鼎到太姥山坐动车只需要十分钟，便决定挤出大半天去满足一下自己的好奇心。

说走就走，毫不迟疑。

太姥山，位于东海之滨，与武夷山一起被福建人称为“闽之双绝”，被誉为中国海滨最美的山。

太姥山以峰峻、石奇、洞异、溪秀、瀑急、云幻等自然景观以及古寺石雕、摩崖碑刻等丰富的人文景观而闻名遐迩。由于太姥山的岩石为粗粒花岗岩，所以最突出的特点是其峰林地貌。

据说，到太姥山就是看石头的。

太姥无俗石，个个皆神工。随人意所识，万象在胸中。

当然最重要的还是茶，绿雪芽。

太姥山“鸿雪洞”旁生长着一株野生古茶树——绿雪芽，是历经百年的福鼎大白茶始祖，现已被列入福建省的古树保护名录。

绿雪芽是中国最古老的历史名茶之一，早在明代就负盛名，被视为茶中珍品。清代周亮工在《闽小记》中有记载：“太姥山古有绿雪芽，今呼白毫银针。”

绿雪芽母树制成的茶，今生恐怕是喝不到了，但是当地以绿雪芽之名制成的大白茶品质的确不错。成茶的周身披满了白色茸毛，芽肥尖嫩、色白如银，冲泡之后，杯中之茶体态纤美、挺拔如针，如婀娜多姿的美女翩翩起舞，不仅赏心，而且悦目。

五、白茶小常识

气息灵动、气质绵长、古风犹存的茶

1. 简言白茶

白茶的外观呈银白色，故而得名。白茶周身满披了白毫而如银似雪，因此，被茶客们形象地描绘为“绿妆素裹”的美人。

白茶，是茶叶在采摘之后不揉捻，只进行简单地杀青，然后再经过自然萎凋或文火烘干后加工而成的茶，因此，白茶属于轻微发酵茶。

在所有的中国茶里面，白茶的加工工艺是最简单、最原始的，因此，白茶也是最具古风、最见真情的茶。

白茶是中国的六大茶类之一，属茶中之珍品。

中国出产白茶的地区很少，比较著名的白茶产地主要有福建的北部和浙江的宁波。其中，福建福鼎、政和所产的白茶属于真正意义上的白茶。浙江安吉白茶、贵州正安白茶等品种之所以被称为“白”茶是因为植物自然变异，在一个特殊的阶段里整片茶叶呈白色而已，究其本源，应该属于绿茶的范畴。

白茶，之所以呈白色的缘由，是由于茶农在采摘了叶背多白茸毛的细嫩芽叶之后，在加工制作时不揉不炒，只是直接晒干或用文火烘干，使这种白色茸毛在茶的外表能够基本保留下来。

白茶被视为茶之瑰宝，或者被称为茶之奇葩，是因为其具有很高的药效。

在我国古代，白茶并不是以日常饮品的形式出现在“茶米油盐酱醋茶”中，而通常是在药店里作为一种药品进行售卖。解放后，白茶也是基本销往了海外，只是近几年才重新回到茶客们的杯皿之中。

长期饮用白茶能够平肝益血、清热润肺、降压减脂、解酒醒酒、消炎解毒、消除疲劳，尤其是针对日常饮食中油腻摄入量大，日常生活习惯中烟酒过度以及肝火过旺等引起的消化功能障碍等身体不适的症状，具有独特、神奇的保健作用。因此，民间对白茶有“一年茶，三年药，七年宝”的说法。

2. 白茶的历史

“白茶”一词历史悠久，最早出现在我国“茶圣”——唐朝陆羽所著的《茶经・七之事》中，“永嘉县东三百里有白茶山。”因白茶加工生产过程中只简单地经过萎凋与干燥两道工序，因此，有的学者认为，中国历史上最早出现的茶不是绿茶，确切地说，应该是白茶。白茶才是中国茶之源头。

中国历史上的先辈们，在生活与实践中意外地发现了一种具有特殊医药效果的树叶后，为了能够长期保存以备随时服用，就把原本鲜嫩的树叶晒干或焙干，这一意外的举动造就了白茶，甚至是开创了中国茶叶历史的先河。

3. 白茶的种类

白茶的品种主要有三类：白毫银针、白牡丹、寿眉。

（1）白茶中，尤其需要多泼洒笔墨的是白毫银针。

白毫银针，白茶中的精品、极品，成茶长三厘米左右，周身披满白色茸毛，色白如银。原料采自大白茶树的肥芽嫩尖，其体态纤美、挺拔如针，不仅赏心，而且悦目，在茶客中素有茶中“美女”之称。

白毫银针冲泡后，不仅汤色清新黄亮，呈现的茶景也令人横生情趣。刚开始，干茶浮于水面，约 3-5 分钟后，部分茶开始沉落于水底，另一部分茶则继续漂浮于上部，此时的杯中，只见茶条索挺拔、上下交错，真是趣味横生。而品饮后滋味醇香清爽，令人回味悠长，绕梁不绝。

（2）白牡丹，干茶在冲泡后，绿叶夹着银白色毫心，外形看似白色牡丹花，故得名。白牡丹，用采自于大白茶树上短小的芽与叶制作而成，采摘时，特意选取新抽茶树枝上的一芽及一、二片叶。白牡丹在冲泡后，绿叶托起嫩芽在水中飘逸飞舞，宛如牡丹迎风绽放，真的不负美名。

（3）寿眉，因其外形花白如老寿星的眉毛而形象得名。

有茶友认为，《红楼梦》中妙玉所提到的“老君眉”就是今天的“寿眉”白茶。但是也有不同的见解，认为是今天洞庭湖畔著名的黄茶“君山银针”，当然，无从考究。

寿眉，由采自茶树的短小叶片制成，因此，是三种白茶中产量最高的品种。今天的寿眉，主产于福建福鼎、政和等地。贡眉，同寿眉一样，也是采自茶树的芽片制成的白茶，与寿眉其实并无不同之处，贡眉的“贡”表示为贡品，以示品质高于寿眉。

综上所述，完全由芽头制作的是白毫银针，一芽加两三叶制成的是白牡丹，完全由叶片制作的则是寿眉与贡眉。

针对白茶的三个具体品种，在品饮时，需要特别提醒初涉茶事者一句，就是“银针常冲泡，而牡丹需煎煮。”尤其是老白茶，如果只泡而不煮，那简直就是暴殄天物。

4. 白茶的功效

白茶与绿茶不同，可以长期存放，而且白茶的药用功效将会随着存放时间的延长而提升。

对于现代都市人而言，手机、电脑、电视等辐射源无处不在，而白茶的保健功效就显得尤为突出了，白茶具有减少日常辐射源对人体危害的作用，能有效地保护人体的造血机能。

随着现代生活水平的不断提高，日常脂肪与糖的摄入量居高不下。由于白茶独有的加工工艺，从而最大限度地保留了茶叶中有益物质的活性，因此，除其他茶叶中均含有的营养成分外，还富含人体所必需的活性酶，长期饮用可促进脂肪分解，并有效地控制胰岛素分泌量，加速人体代谢，分解体内血液中的剩余糖分，促进血糖平衡。

白茶中含有多种氨基酸，性属寒凉，具有退热祛暑解毒的功效，在炎热夏季饮一杯白茶，可有效调节人体平衡，预防中暑。

白茶还有防癌、抗癌、解毒、消暑、消炎、缓解以及消除牙痛的作用，尤其是老白茶，对小儿退烧的效果非常明显。

此外，白茶中所含的黄酮类物质可持久地保护人体的肝脏，加快酒精的分解速度，快速转化为无毒物质排出体外，从而减少饮酒过量对肝脏的损害，其解酒醒酒的作用胜过良药。

6. 最具真性情的茶

——大红袍

功名利禄中的淡泊

曾经沧海后的超脱

暴风骤雨里的沧桑

悬崖峭壁前的平静

犹如华山之巅那伤痕累累的独臂大侠杨过

一、淬火洗礼

一直以来，对大红袍充满了敬意，因为它的冷傲。

经历了反反复复的淬火烘焙，烧去了尘世间的浮尘，焚去了植物中的娇媚，大红袍，就像历经磨难后站在华山之巅那伤痕累累的独臂大侠杨过。或许也只有大红袍才配得上如此地冷若冰霜，傲然屹立，而这种侠客风范正是当今这个略显浮躁的社会最缺失的一种品质，傲而不慢，冷而不冰。

其实任何一株茶树可以制成任何一种茶，如白茶、红茶、绿茶、青茶等等，所以，制茶的工艺对于茶而言极其重要。大红袍的制茶工艺尤其复杂，需经晒青、凉青、做青、炒青；初揉、复炒、复揉；水焙、簸拣、摊凉、拣剔；再经过复焙、簸拣、补火方能制成。在这复杂的工艺流程中，火，是一个必不可少的元素。

火，是自然界中最原始、最纯粹、最热烈、最彻底的一种能量的释放方式。经过了火的洗礼，大红袍显得更加纯净，更加厚重，更加有韵味，更加有力量，更加具有超凡脱俗的品质。

大红袍，武夷山四大名枞之首。

大红袍植根于武夷山岩石间独特的丹霞土壤，从而造就了其独特的“岩”韵。而武夷山大自然丰富的植被又为大红袍融合了如花般的“蜜”香，当地流传至今的传统制茶工艺烘焙出了醇厚高亮的炽烈“火”香，从而使大红袍具有了“岩韵”、“蜜香”“火香”，三大特点。

品饮大红袍，最突出的口感是厚与滑。

厚重之感，就像面对着一个经历过风霜雪雨的中年男子，功名利禄中的淡泊，曾经沧海后的超脱，暴风骤雨里的沧桑与悬崖峭壁前的平静。这是一种豁达洒脱的风采，一种宽宏包容的气度，一种返璞归真的本性，一种健康善良的素质。

这是蕴于胸中的一股气，融于血中的一脉情。

这才是气血十足的男人，韵味满满的男人。

而顺滑之味，却犹如面对温文婉约的成熟丽人，虽无声无息但也自然清新，虽无雕无饰但也出水芙蓉，品之如沐夏雨春风。

真应了苏东坡的那句“从来佳茗似佳人”。

厚与滑的融合，力与美的交织，这就是大红袍所演绎的内涵。

“不如仙山一啜好，冷然便欲乘风飞。”大红袍，最具真性情的茶。

二、茶之宝库

钟灵秀丽，曲水流觞。

天游峰、九龙巢、玉女峰、虎啸岩、一线天、御茶园、双乳峰、水帘洞……

武夷山是个美不胜收的美妙之所在，同时，武夷山也是中国乃至全世界茶的宝库，大红袍、肉桂、水金龟、白鸡冠……

爱茶之人对于武夷山那真的是死了都要爱的感觉。

武夷山距离市区并不很远，估计有二三十公里路程。一大早就赶到了武夷山脚下，刚刚认识的热情的当地司机老王介绍了一家颇具特色的汉文化主体酒店，真的很有味道。

外观古香古色，那具有浓郁历史文化品味的建筑第一眼就会让你喜欢上它，大厅有精致的茶室，房间干净整洁，屋内陈设依然是传统的汉文化风格，我尤其喜欢那个屋顶的天窗，晚上可以躺在床上看星星，如果恰逢下雨，看着天空中那直落而下的雨滴将是多么曼妙的感觉。就连酒店对面的餐厅都是水榭楼台，晚上坐在那里喝茶一定能体会到水中倒影、波光粼粼的诗情惬意。

稍事休息调整，背上行囊，出发，寻茶去！

武夷山地质属白垩纪岩石层，配合独特的丹霞土壤造就了武夷岩茶独一无二的“岩”韵；丰富的植被又融合了大自然的如花蜜“香”，而当地百年制茶技艺烘焙出了高扬醇厚的炽烈火“香”，故，武夷山岩茶具有“岩韵”“蜜香”“火香”三大特点。一句话概括武夷岩茶，一“岩”为定，两“香”情悦。

武夷岩茶的茶树都是依山而种，甚至种植在岩石的缝隙之间，才造就了武夷岩茶那独特的“岩韵”。

武夷山“岩岩有茶，非岩不茶。”

当然，武夷山最出名的还是大红袍。

武夷山大红袍，号称“岩茶之王”，长于武夷峭崖悬壁之间，因早春茶芽萌发时，远望艳红似火，如红袍披树，因此得名。武夷山大红袍产于武夷山东北部天心岩下永乐禅寺的九龙巢，山壁上有朱德题刻的“大红袍”三个朱红大字。

大红袍茶树为灌木型植物，母树为千年古树，九龙巢陡峭绝壁上仅存6株，产量稀少，被视为稀世之珍。其植于山腰石筑的坝栏内，有岩缝沁出的泉水滋润，不施肥料，生长茂盛，树龄已逾千年。武夷山大红袍是武夷岩茶最杰出的代表，只有武夷山才有大红袍。

一路都是崎岖难行的山路，为了亲眼一睹躲在大山深处大红袍母树的风采，跋山涉水，风雨兼程，我也是拼了。

这便是那仅存的大红袍母树

终于见到庐山真面目，但也只能远观几眼。2006 年，国家已禁止对大红袍母树进行采摘，最后一次采制之茶已收藏于故宫博物院，看来今生是无福消受了。

武夷山真的是茶的博物馆，茶的自然宝库。

醇不过水仙，香不过肉桂，我对这留香肉桂还是情有独钟

意外遇到御茶园

武夷山农户家是茶，山脚下是茶，岩石缝中是茶，溪流边是茶，到处是茶，简直就是一个茶的世界。

今日收获满满茶香，只可怜了我的这双脚。

2010年初，我陪心情欠佳的小姨子去滑冰，这是我生平第一次滑冰，感觉还不错，觉得自己有几分天赋，于是便逞能耍了一下酷，却摔断了自己的右脚。由于没有彻底治好就拆了夹板上班，结果落下了不能长时间走路的后遗症。

今天，我发现自己竟然走了20000多步，结果可想而知。

闲暇之余，武夷山的曼妙风景还是要享受一番。

一线天　伏羲洞

山回路转　精舍

当然，最具视觉震撼力的还属天游峰。站在山脚下考量许久，最后还是无奈放弃了，因为800多个台阶已经超过了我伤脚的承受力。想象一下，如果在那天边的亭榭里沏上一壶清茶，一览众山小，一定有指点江山的感觉。

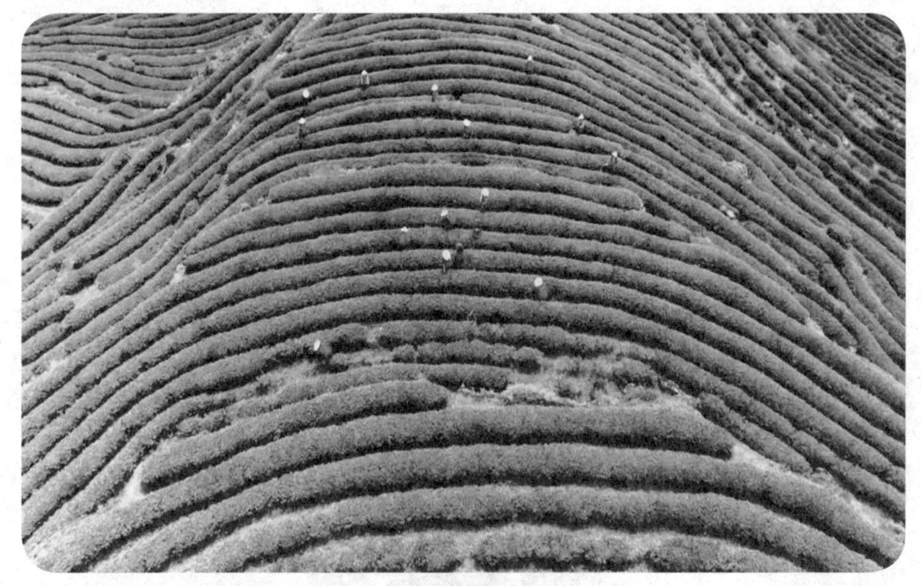

居高临下看采茶的情景很壮观

武夷采茶不易

三、青茶小常识

品乌龙，如沐词曲

1. 简言青茶

青茶，俗称乌龙茶，因茶的色泽青褐而得此名。

乌龙茶为我国所特有的一个茶类，也是独具我国民族特色的茶类。乌龙茶，主要出产于福建的闽北、闽南及广东、台湾三个地区，虽然在四川、湖南等地也出产乌龙茶，但是产量较小。我国出产的乌龙茶除了供应福建、广东等省之外，主要出口日本、东南亚和港澳地区。

在乌龙茶中最著名的当属福建闽北的岩茶，被奉为中国乌龙茶的“鼻祖”，其杰出代表为众人所熟知与喜爱的福建闽北大红袍。武夷山的茶农在悬崖绝壁，利用岩石缝隙种茶，而形成了“岩岩有茶，非岩不茶”的特殊景观，从而也塑造了岩茶中的珍品，岩茶之王 —— 大红袍。

乌龙茶是经过采摘、萎凋、摇青、炒青、揉捻、烘焙等加工工艺制成的茶类，属半发酵茶或全发酵茶。

乌龙茶最大的特点可总结为四个字，“岩骨花香”。尤其是其丰富的“香”中蕴含了花香、果香、蜜香……众香沁人。因此，根据乌龙茶的“香”这一突出特点，建议使用三才杯（盖碗）进行冲泡，以达到聚香的效果。

乌龙的清雅之香，仿佛带你进入了山涧林泉般的画卷。

2. 青茶的历史

乌龙茶，最早发源于福建，至今已超过1000年的历史。而乌龙茶的源头，应当追溯于五代十国时期的北苑茶。

北苑，指的是福建凤凰山地区，北苑茶，是福建最早的贡茶，在历史上记载北苑茶的文献非常多。

而福建安溪，自古以来就是我国的乌龙茶之乡，安溪铁观音也为我国的十大名茶之一。

据《安溪县志》中记载："安溪人于清雍正三年首先发明乌龙茶做法，以后传入闽北和台湾。"据史料显示，1862年福建福州就设立了经营乌龙茶的商铺。现今，福建安溪已经成为了我国最大的乌龙茶产地，安溪也因此被称为了"中国乌龙茶之乡"。

3. 青茶的种类

这里，介绍我国几种著名的青茶：

（1）安溪铁观音，产于福建安溪，中国十大名茶之一，铁观音是乌龙茶中之极品，成茶螺旋卷曲、青褐沉重、壮硕浑圆，冲泡后汤色黄亮鲜浓，伴着浓郁的兰花气息，口感醇厚、回甘持久，"七泡有余香"。

（2）凤凰水仙，产于广东潮安凤凰乡，主要销往广东、港澳，外销日本以及东南亚。凤凰水仙含天然花香、蜜香，有"形美、色翠、香郁、味甘"四绝，耐泡而香味持久。

（3）冻顶乌龙，产于台湾冻顶山，由于茶产量稀少而尤为珍贵。冻顶乌龙是台湾知名度极高的茶，也是台湾著名的"包种茶"。台湾人惯以两张方形毛边纸包茶，内外相叠，放入4两茶叶，包成长方形的四方包，包外盖有茶行的名号，然后按包出售，称之为"包种"。冻顶乌龙源于福建安溪，清朝康熙年间由中国大陆移民引入台湾种植。

4. 青茶的功效

一提到乌龙茶，人们首先联想到的是它的减肥功效。

因为乌龙茶中的主要成分——单宁酸，与人体的脂肪代谢有着密切的关系，故，乌龙茶具有明显高于其他茶类的减肥与溶脂效果。乌龙茶在日本被直接称为

“健美茶”“养身茶”。

乌龙茶同绿茶、红茶相比，除具有促进胰脏胰腺分解，减少糖及脂肪类物质吸收的作用之外，还能提高人体热量，促进脂肪燃烧与溶解，减少腹部脂肪堆积，这一点对于不喜爱运动人群的健康尤为有效，被称为“懒人的保健减肥茶”。

乌龙茶还可以有效地降低血液中的胆固醇含量。

此外，乌龙茶还具有排毒、通便、养颜、抗人体细胞氧化的作用。

品饮乌龙茶不仅对人体的健康有益，还可增添无穷的生活乐趣。但是，由于乌龙茶中所含的茶多酚及咖啡碱等元素与其他茶类相比，含量要高出很多，故，品饮乌龙茶也要注意三忌：

一、冷茶不饮。乌龙冷茶的茶性较寒凉，而人体的胃部喜暖怕寒，饮冷茶会刺激肠胃，引起人体不适；

二、睡前不饮。乌龙茶中的咖啡碱等元素会刺激人体的中枢神经，导致兴奋，睡前饮乌龙茶会影响睡眠；

三、空腹不饮。空腹饮乌龙茶，茶中的茶多酚等元素易使人头晕目眩，甚至发生欲吐，俗称“醉茶”。

乌龙虽好，但不可贪杯哟！

7. 魅惑的东方美人

——白毫乌龙

神秘莫测的美人茶

余音袅袅，不绝如缕；
绕梁四周，如泣如诉。

我对乌龙茶一直都比较敬重，因为岩茶“岩骨花香”的特殊茶性。

“岩”与“香”，茶性中的两个非常特别的元素，“岩骨”，蕴含铮铮岩韵，“花香”，凝聚纷纭众香。而在众多著名的乌龙茶品中，我尤其对略带些许魅惑色彩的白毫乌龙兴致盎然。

为什么？

就因为其独具魅惑的名字，“东方美人”。

“自古英雄如美人，不许人间见白头。”本来就颇具些浪漫英雄情结的我，趁着还没有两鬓斑白之际，对美人的向往自然情有可原。更何况日本明治时代的枭雄伊藤博文即使霜染须发还能说出那句“醒掌天下权，醉卧美人膝。”

但这只是一个方面，最吸引我的还是白毫乌龙独特的口感。

白毫乌龙口感中的“甘”与所有茶的甘都有所不同。

普洱的甘是入口苦涩，但回味甘醇；红茶的甘是浓醇之甘，所有的甘甜之味溢于言表；而白毫乌龙的甘是一种悠悠绵绵的甘，品得到，但抓不住，似有似无；仿佛一缕烟尘，余音袅袅，不绝如缕；绕梁四周，如泣如诉。如同它的名字独具神秘缥缈之感，依稀烟尘中一位款款而来的蒙着面纱的神秘莫测的东方美人。

白毫乌龙属台湾独有的一种茶，又名膨风茶，也就是吹牛茶，其主要产地在台湾的新竹。白毫乌龙是乌龙茶中唯一的芽茶，发酵程度也是乌龙茶中最重的，可以达到 70%，几乎接近于红茶 90% 的发酵度。

单纯从茶的本身来讲，白毫乌龙就独具特色。

一般而言，一斤芽茶就需要约一千至二千个茶芽制作而成，而一斤白毫乌龙竟然需要至少三至四千个，几乎全部由鲜嫩的芽心所组成的茶芽才能制成。此外，白毫乌龙只产于夏季，只产于台湾新竹、苗栗，只用手采茶，只能选取小绿叶蝉感染的茶芽。

由于白毫乌龙均由幼嫩芽头所制成，故氨基酸含量非常高。而且，白毫乌龙属于重度发酵茶，儿茶素大部分已经氧化，所以不仅不涩不苦，且蕴含丰富果香，口感极佳，汤色鲜艳清亮，红、白、绿、黄、褐五色相间，颇具神秘莫测之感。

白毫乌龙的冲泡与其他茶相比也有明显的特点。

首先是“淡”。因为，淡，才能品得出那种天然的熟果香与蜂蜜般的清甜。具体可参照茶与水 1：50 的比率浓度。其次是“温”。白毫乌龙全部为幼嫩芽头所制，如水温过高，极易泡烂茶，而且会增加其口感中的苦涩度。

关于白毫乌龙的由来，还有一个诙谐的故事，是否调侃则不得而知。

有一片茶园中的茶叶被小虫给咬噬了，茶农看着布满虫眼的茶叶非常心疼，便决定将这批茶叶进行重度发酵，以遮盖产生的奇怪味道。别的茶农看他这样做都纷纷劝阻他，他却不以为然地说：“我的这批茶肯定能卖个好价钱。”其他人都笑话他吹牛。

这位茶农惴惴不安地把这批茶挑到市场上。没想到，此茶所具有的独特味道竟然大受欢迎，不仅一抢而光，而且还真的卖了个好价钱。

从此白毫乌龙有了个俚称，“吹牛茶”。

（台湾茶之所以备受推崇，源于其产于气候凉爽，云雾笼罩的高山地区。）阿里山便是重要的产茶区之一。

白毫乌龙最具魅力的地方，就在于其梦幻与浪漫的色彩。

“梦幻”，源于其“东方美人”神秘的源由。清朝，白毫乌龙进入英国皇室的茶杯，由于全为芽头所制，富含茶雾，且又由神秘的东方飘洋过海而来，因此，被英国维多利亚女王颇具梦幻色彩地称为“东方美人”。

“浪漫”，是因为在浪漫国度中特殊的饮法。白毫乌龙到了法国后，被加入香槟，调制成了具有独特风味的鸡尾酒，从而与浪漫相伴。

既然白毫乌龙与香槟这么有缘，那就讲一些有关香槟的故事，相信更能让你体会些浪漫的感觉。

英国首相丘吉尔面对战争时曾说过这样一句话：“先生们，请记住，我们不是为法国而战，而是为了香槟。”由此可见，香槟在欧洲的影响力。

香槟是最具神秘、诱惑、浪漫与奢侈的饮品，被称为葡萄酒之王。

相传很久以前，葡萄酒的故乡，浪漫的法国有一个叫佩里农的传教士，他将各种葡萄酒随意勾兑在一起，然后用软木塞进行密封后储藏在了地下室。第二年，他取出了葡萄酒，瓶内酒的颜色清澈透明。他轻轻摇动了一下酒瓶，就听“砰”地一声，瓶塞飞出，酒香四溢。香槟在修道院诞生了。

香槟，被称为浪漫天使。美丽的女人浅酌香槟，风情万种；成熟的男人豪饮香槟，豪情万丈。快乐时，香槟可以使你尽情挥洒激情；孤独时，香槟能够让你安静独享寂寞。

在香槟区沙垄，有一座著名的圣克罗伊门，相传是为了纪念嫁给了法国国王路易十六的玛丽王后而建。这位香槟酒庄主的女儿酷爱香槟，但是嫁给国王不久，就遇到了法国大革命。王后坚持留在国王的身边，最终夫妻二人被送上了断头台。

临刑前，玛丽王后提出了唯一的请求，就是再饮最后一杯香槟酒。

据说，当王后在走向断头台时不小心踩到了刽子手的脚，然后立刻轻声道歉，这或许就是贵族始终如一的尊严。

王后轻轻地转动瓶塞，香槟发出“丝丝”的声响，最后随着“砰”地一声，香槟溢出，王后发出了最后一声叹息。然后，刽子手手起刀落。自此，香槟有了另一个哀怨与忧郁的名字，“少妇的叹息”。

8. 一叶关情

——正山小钟

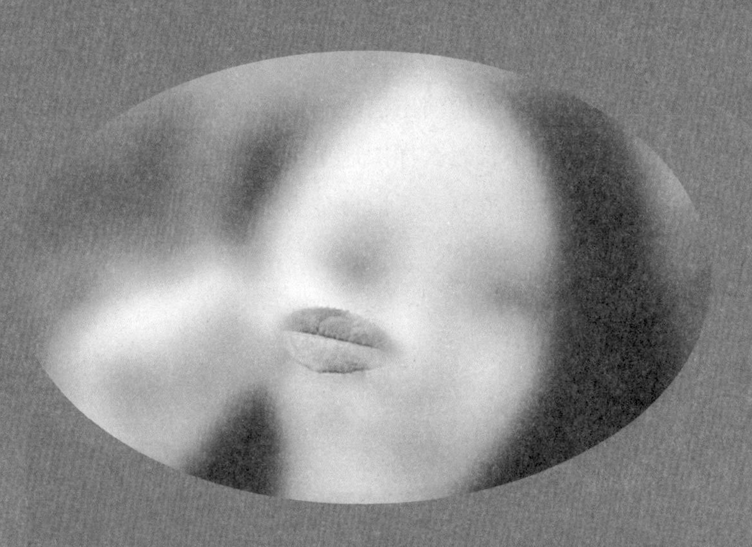

回首向来萧瑟处，归去，
也无风雨也无晴。

茶就是陪伴灵魂的精灵

一、茶博园前的缘分

很早就听说过武夷茶博园，尤其是张艺谋导演的山水实景剧《印象大红袍》就是在大王峰的山脚下现场演出，很具视听感染力。

由于昨天武夷山之行体力透支，到达武夷山的第二天，我睡了一个大懒觉。等我起床已经快 12 点了，不过体力已经完全恢复，我精神抖擞地出发了。

到了茶博园才知道，上午的演出已经结束了，要等到晚上才能看到第二场，哎！只能怪自己喽！不过不管怎么样，这里倒是赏山赏水赏茶的理想所在，大王峰，玉女峰近在咫尺，如画景致下哪怕只是坐坐都是人生的一大享受。

今天是我这次寻茶之旅最悠闲的一天，到晚上之前都没有什么安排，那索性转转茶叶店吧。

武夷山漫山遍野都是茶园，街景之上密密麻麻都是茶叶店，我选了一家外观感觉比较有味道的茶舍便推门而入了。店主姓王，是一个三十来岁，五官精致，身材苗条，而且说话很温柔的当地女子。爱茶之人无需多言，先喝茶，几杯入口便如同朋友一般了。闲谈中得知，小王原是武夷山御茶园中最早的一批茶艺师，难怪她周身散发着一种说不出的雅致的味道，尤其是她泡茶时的手法，柔而不软，美而不艳，极尽风情但毫无矫揉造作之感。人美，茶自然也平添了几分醇香。

这里的人几乎家家有茶园，她家的茶就是自种、自产、自销，而且茶园就在武夷山中，故自带一种山野清香，犹如清风拂面，沐浴云烟。

这种偶遇后心无芥蒂、通透纯净的把茶言欢实在是一种美妙体验。

其实，茶就是一种陪伴灵魂的精灵，只可意会不可言传。

我这个伪专家还跟她这个地道的专家学到了不少武夷山岩茶的常识。

产于武夷山中的茶最地道，而出了山，就到了建阳，那里虽然只差了几里路，也是茶园密布，但是由于土质成分、自然环境、气候特点等有了些许差别，茶的滋味自然也就有了几分差别。而周边其他县市也以武夷岩茶的名义产茶，就更加南辕北辙了。

边说着，她泡了两壶不同的茶，开始教我如何分辨这其中的差别，不一会儿，我还真的体会出了其中的奥妙之所在。

茶友偶遇，品茶聊茶，所有的距离感与陌生感马上烟消云散，彼此之间顿生他乡遇故知的亲近之感，这种感觉正是寻茶过程中的真正享受，寻的是茶，寻的更是情愫与情结。不在意寻到了什么，而是充分享受这寻的惬意过程。

这次偶遇还给我带来了一份意想不到的收获。

下一站，我计划去距离这里二十多公里的桐木关，那里是世界红茶的鼻祖，正山小种的故乡。红茶可是我的挚爱之物。但现在的桐木关外人不能随便进入，因为那里建了个军事基地。恰好小王的家就在桐木关，她愿明天陪我一起去。

运气真好！

晚上邀请小王一起去看《印象大红袍》，她欣然同意了。

茶友就是茶友，简单而纯粹，直接而轻松。我又多了一个专家级的讲解师，而且还是全程贴身陪伴。看来我真是的“艳”福不浅！

对于这场演出我不做评价，像张艺谋这样的大咖岂是我这种凡夫俗子能随意评价的。

摘自节目单中的一段话：

> 你是否注意到，今天的我们，已经模糊了生活的本来面目，无根可依地漂浮在楼底，被马路压平了牵挂，被岁月盗取了年华。城市灯火的绚烂，却无法温暖寂寞，“被生活”、“被奋斗”已成为忙碌者的新名字。是谁谋害了我们的热情，还是我们冷落了温软的心灵，生活富足的我们，又何必为了一口呼吸，输去半生

年纪。

就这样，当你喝完一壶茶，山风吹起你离去时轻巧的足音，无论你走到哪里，那声音就在你的耳边，只要有那么一刻，我们的心里能怀着一份自己，一杯水就是一盏茶，一口呼吸就是一次放下。

二、一叶关情

一早，小王依约开车来酒店接我。

一身简约时尚户外装备的小王与昨天在茶舍时的温婉怡人判若两人。更让我意外的是，她的座驾竟然是辆火红的宝马。我一直以为宝马属于性如烈火般张扬外向的年轻女孩儿，应该与讲求内敛、平和的茶人无关，但眼前这种反差却又是那么的和谐。第一次发现宝马也能表现出如此爽朗、典雅的风情，热情而不热烈，率真而不任性。车前的小王尽管英姿飒爽，但还是难掩她的精致与玲珑。

小王先带我去吃早餐，武夷山的特色小吃——孝母饼。她把车停在了路边的一个很不起眼的小店门口。

怎么会在这儿？不会不卫生吧？我心里暗自盘算着。

小王回过头似乎看出了我的踌躇："你就放心吧，这是一家老店，我从小就在这里吃，卫生绝对没问题。而且我认为这家店的孝母饼在整个武夷山最正宗。"临末了又补了一句："你知道吗？我们武夷山可是个绝对纯净的地方，当年非典全国盛行的时候，武夷山一例病例都没有发现。"

我顿时释然了。

除了孝母饼，早餐就有茶。原本早晨起来我是不喝茶的，但还是入乡随俗吧。只是空腹喝下火气很旺的武夷山岩茶，我的胃有些扛不住。

"你猜猜这是由什么原料做成的？"

我仔细地品着，武夷山的孝母饼入口即化，清香爽口。但我就是品不出到底有哪些原材料，反正有一点是确定的，肯定有茶。

用毕早餐，我们出发前往桐木关。

从武夷山景区向北 20 多公里便是福建的最北端 —— 桐木关，这里也是福建与江西的分界点。桐木关是武夷山脉断裂所形成的一个垭口，古代属交通与军事要地，为武夷山八大雄关之一，雄伟壮观。桐木关地势挺拔险峻，气候冬暖夏凉，年平均气温为摄氏 18 度，年降雨量 2000 毫米左右，春夏两季，桐木关终日云雾缭绕，“高山云雾出名茶”，自然条件非常适合茶树的生长。

小种红茶全国都有，只有桐木关产的才敢叫“正山小种”，不仅因为它是世界上最古老的一款红茶，还因为它是用当地独有的油松熏制出了独特的松烟香气。

由于桐木关现在属于军事禁区，进入桐木关的确费了一番周折，但在小王的帮助下还是过了关。

一进入桐木关，印入眼帘的还是漫山遍野的茶园。

看到我对路边的茶园兴致盎然，小王神秘地对我眨了眨眼睛：“你就别研究这些人工茶了，一会儿我带你去看些你从没有见过的宝物。”

这就是那所谓的宝物了。

小王告诉我，桐木关的茶讲究不用一丁点化肥和杀虫剂，也就是通常所说的“有机茶”，当地人称之为“野生茶”。桐木关的茶园看起来处处是杂草丛生，无人打理。但这才是桐木关红茶的奥妙之所在。虽人工种植，但任它野生野长，这样茶味才格外的醇厚香浓。

小王的家到了。这是一个典型的南方山村的院落，宽畅而简约，在我的眼里简直是世外桃源。或许就是这样一个灵动秀丽的山村，韵味十足的阁楼，还有幽幽绵长的正山小种才滋润出了如此婉约可人的闽北女子。想到这儿，不禁回头看了看小王，庭院中落落大方的她不知不觉已与身边这质朴而清新的一切融合成了一幅和谐而宁静的画面。她仿佛不在这喧嚣的尘世之中，而在那幅画里，或者说，

她就属于那幅让人不忍惊扰与触碰的水墨丹青。

“进来呀！”小王清甜的声音把我拉回现实，拉回到了这个有声有色的世界。我顿感一丝失落，因为实在想在此情此景中多停留哪怕一小会儿，因为此时此刻，声音与色彩似乎都是多余的元素。

整理了一度停滞的思绪，跟着小王进了屋。刚一进门，马上嗅到了正山小钟独特的气息。正山小钟气味的辨识度很高，尤其是那股甜甜的熏香，有时候隔了很久依然绕梁不绝。

家里没人，小王告诉我一定在茶园采茶，我也要去。

小王家的茶园就在自家屋后依山而建，景致很幽静，在这里，也见到了小王的老公，一个少言寡语略显腼腆的中年男子，他只是与我简单寒暄了几句就径直忙自己的事去了。

来之前，我本打算在这里留宿一夜。因为我喜欢清晨那带着露珠的茶树特有的清香，但面对小王的老公之后突然踌躇起来。茶园日常是由小王的老公打理，我不想由此给他带来不快，最终还是忍住了没提。

不过缺憾本身就是一种最美的体验，君子宁居无不居有，宁处缺不处完。

突然下雨了，而且雨越下越大，还伴着几分寒意，我们只好停下，离开茶园回到了屋里。进屋第一件事，当然是喝茶，当然是正山小种。

看正山小种这曼妙的茶汤就知道，足以暖心。

雨中与佳人品茶，有一种“煮烟雨江南，品来世今生”的感觉。

雨终于停了，回到茶园徜徉了好久，尽管依依不舍，但还是准备离开了。

真的不舍，不舍小王的清新婉约，不舍扑面的淡雅茶香，最不舍的是这田园的惬意与安详，这一叶关情的惆怅味道。

尽管心里知道别离总是难免的，但别离时总是会有几分伤感。

人世间相遇是缘，分别也是缘。而缘中的那份流连将永远融入正山小种悠长甘醇的茶香。

当我再次想起你，再次想起桐木关，再次想起……就独自泡一壶这地道的正山小种，在不绝于梁的袅袅松烟香气与神秘莫测的曼妙桂圆茶汤之中，一定能再一次回味到缘，感受到缘。

挥手是幸福，因为在那一端有另一只手也在挥舞，有另一双眼也在凝眸。

“回首向来萧瑟处，归去，也无风雨也无晴。”

9. 云雾中像爱情一样的茶

——庐山云雾

闭上眼，似乎能摸到飘来的云雾

像雾，像雨，像云，又像风

一、云雾中像爱情一样的茶

小学三年级有一篇课文，《庐山的云雾》。

庐山的景色十分秀丽。那里有高峰，有幽谷，有瀑布，有溪流，尤其是变幻无常的云雾，更给它增添了几分神秘色彩。在山上游览，似乎随手就能摸到飘来的云雾。漫步山道，常常会有一种腾云驾雾、飘飘悠悠的感觉。

庐山的云雾千姿百态。那些笼罩在山头的云雾，就像是戴在山顶上的白色绒帽；那些缠绕在半山的云雾，又像是系在山腰间的一条条玉带；云雾弥漫山谷时，它像茫茫的大海；云雾遮挡山峰时，它又像巨大的天幕。

庐山的云雾瞬息万变。眼前的云雾，刚刚还是随风飘荡的一缕轻烟，转眼间就变成了一泻千里的九天银河；明明是一匹四蹄生风的白马，还没等你完全看清楚，它又变成了漂浮在北冰洋上的一座冰山……

云遮雾罩的庐山，真令人流连忘返。

这篇文章影响了我很多年。

其实不仅是我，有多少同龄人都会有同感。庐山那婆娑缥缈的云雾就像神秘莫测的爱情，加上那部曾让60、70后向往不已的电影《庐山恋》中的庐山恋，庐山成为了爱情的圣地，庐山的云雾成为了爱情的催化剂。

“横看成岭侧成峰，远近高低各不同，不识庐山真面目，只缘身在此山中。”

庐山云雾，变幻无穷，千姿百态，如浩瀚烟波，如缥缈飞絮，“千山烟霭中，万象鸿蒙里”，整个庐山就沉浸在朦胧梦幻般的云雾之中。而庐山的云雾茶就是从这云雾中走来。

那么，在庐山云雾中滋润出的庐山云雾茶，该是怎样一种味道呢？

明代李日华《紫桃轩杂缀》云：“匡庐绝顶，产茶在云雾蒸蔚中，极有胜韵。”

庐山云雾，属绿茶类，中国传统名茶，因产自江西九江的庐山而得名。

由于庐山凉爽多雾的气候及日光直射时间短等条件影响，形成了庐山云雾的独特风味。通常用“六绝”来形容庐山云雾茶，即“条索粗壮、青翠多毫、汤色明亮、叶嫩匀齐、香凛持久、醇厚味甘”。

庐山云雾的产茶区主要在含鄱口、五老峰、汉阳峰、小天池、仙人洞等地，这里一年中有雾的日子过半，常年云雾蒸腾，云海茫茫。尤其是五老峰与汉阳峰之间，终日里云雾不散，所产的云雾茶品质最佳。

不同的茶有不同的品味方式，品庐山云雾，品的就是云雾中的那种朦胧之美，像雾，像雨，像云，又像风。这一次，我和爱妻一起踏上了寻茶之路，寻的就是云雾中像爱情一样的茶，所以我们去了云雾中的庐山，充满了爱的味道的庐山。

我们先从北京乘坐一夜火车到达了九江，在九江火车站的一个宾馆暂作休息之后，再转乘旅游巴士赴庐山。

花径，三宝树，美庐，三叠泉，五老峰……

如琴湖边，我给爱妻讲起郭凯敏与张瑜飞奔着冲向对方，两人在湖畔美丽相拥的爱情故事。

晚上在著名的“庐山恋影院”看那部据说是全世界播放次数最多的电影，《庐山恋》，倒很应此情此景。

看完了电影后，两个人手牵着手在热闹的小镇上漫步，那是一种惬意得让人终生难忘的经历与感受。

可就要回到宾馆的时候，我们俩却发生了争执，为了一点儿鸡毛蒜皮的小事儿，两个人便开始都不说话了。

回到宾馆，我躺下就直接睡了，睡着前只知道她在另一张床上也睡下了。

睡到了半夜里，隐隐约约地听到她的声音：“过来抱我！”

已经睡得迷迷糊糊的我没有听清楚，以为是在做梦，就闭上眼睛继续睡觉。

“我跟你说话呢，你没听见吗？”妻提高了音量。

这回我听到了，“你说什么？”我问道。

“我说过来抱我！”她大声地嚷嚷起来。

这回我总算是听清楚了。

庐山的夜晚的确很冷，恰好宾馆的空调也不太好用。妻本来就怕冷，一个人缩成一团躲在被窝里，但越躺越冷。看着旁边床上的我呼呼睡得那么香，就一直忍着，直到最后实在是忍无可忍了。

看着她瑟瑟发抖的可怜样子，再听到她的这句话，我忍不住哈哈大笑。

“你还笑！”她有点生气了。

“好，好，好，我不笑了，那你快到我被窝来。”我赶紧开始哄她。

“你过来！”她却又开始使性子。

“好，我过来。”一边说着，一边钻进了她的被窝，的确像个冰窖。

抱过冻得瑟瑟发抖的妻，紧紧地抱在怀里。慢慢地，她便不再发抖了，开始缓了过来。

她躲在我的怀里开始埋怨起来：“你真狠心！就知道一个人倒头呼呼大睡，我都躺了好久了，你看都不看我一眼！”

“好了，宝贝！都是我的错，今晚我就抱着你睡吧，保证你不会再冷了。”

那个夜晚，是个温馨的夜晚，甜蜜的夜晚，难忘的夜晚，有着满满幸福相伴的温暖的夜晚。至今回想起来，仍会禁不住地感叹：与爱人厮守，才是人生最大的幸福；最美的时光，就是手中有杯茶，心中有个人。

人生中再美的风景都可以错过，但不能在美丽的风景中错过美丽的心情。

庐山真的是个能让人不由自主就萌生浓浓爱意的所在。不信，你泡一杯庐山云雾茶，闭上眼睛细细地品一品，你一定能品得到那种说不出的爱的滋味。

醇厚如云，神秘如雾，沁人心脾，润物无声。

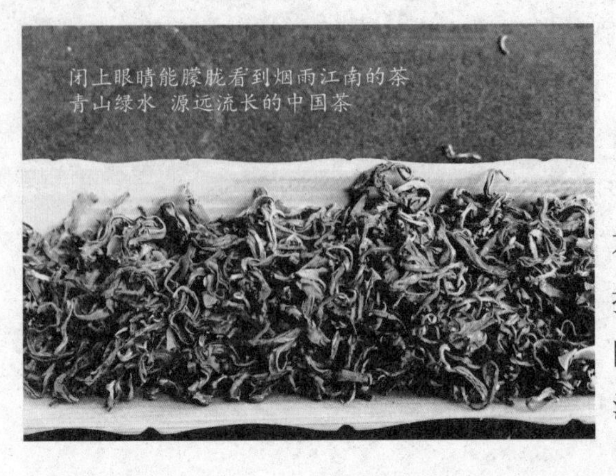

二、绿茶小常识

1. 简言绿茶

绿茶，采自茶树新鲜的芽叶，不经发酵，而是简单地经过杀青、揉捻、烘焙等三步工艺精制而成，因此，无论是干茶还是冲泡后的茶汤，都能最大限度保留鲜叶的绿色，“清汤绿叶”，故而得名“绿”茶。

在绿茶的加工制作过程中，杀青是一个重要的环节。杀青就是通过高温直接破坏新鲜原叶中酶的自然属性，以控制多酚类物质的氧化反应，有效保持原叶绿色，防止原叶变红。同时，蒸发鲜叶内剩余的部分水份，使叶片柔软，以便后期制作过程中进行揉捻、整形。而且随着鲜叶中水份的蒸发，原叶中所残留的草腥味也随之挥发，从而塑造了绿茶的茶香。

绿茶，由于未经任何发酵过程，直接保留了鲜叶的天然成分，富含的维生素、氨基酸、叶绿素、茶多酚、儿茶素、咖啡碱等营养成分也明显地高于其他茶类，因此，绿茶在防癌、抗癌、杀菌、消炎、抗衰老等方面所具有的保健效果是其他茶类所无法企及的。

我国出产绿茶的地区主要包括浙江、江苏、四川、河南、贵州、江西、安徽、陕西、湖南、湖北、广西、福建等全国诸多省份，分布非常广泛。因此，绿茶系中国六大茶类之首，是中国的主要茶类之一。

2. 绿茶的历史

讲一个关于绿茶的典故。

元朝末年，民不聊生。

明太祖朱元璋发动了农民起义，其所领导的义军途经湖北赤壁的羊楼洞时，百姓纷纷加入反元义军，其中就包括很多当地的茶农。

在连年征战中，由于疲劳不堪，许多义军士兵经常生病。

一次，参军的茶农发现军中有人饭后腹部剧痛难忍，便取出从军前保留的家乡绿茶给患病的战友们煎煮饮用，谁知饮用后，患病者竟然相继痊愈。

后来，这件奇闻轶事被起义成功已登基的明太祖朱元璋得知了，他见此神茶形如松峰、周身翠绿，且清香可人，遂赐名“松峰茶”，并将产此神茶之山赐名“松峰山”。

明洪武二十四年 (1391)，明太祖朱元璋诏告天下：“罢造龙团，唯采茶芽以进。”至此，绿茶在朱元璋的高度褒奖与赞美声中得以在全国范围内迅速推广，羊楼洞也成为公认的中国绿茶的发祥地。

至今，赤壁羊楼洞镇内还保留着一条以明清建筑风格为主的古街，石板街。羊楼洞明清石板街历经沧桑依然见证着绿茶的历史变迁。

根据有文字记载的历史文献考证，我国历史上最早进行人工茶树种植与绿茶生产的地方是四川雅安的蒙顶山。

3. 绿茶的种类

绿茶，是我国种植范围最广、产量最多，饮用也最广泛的茶类。这里，介绍其中著名的 10 种：

（1）碧螺春，出产于江苏太湖洞庭山。追溯碧螺春的历史，最早始于明朝。碧螺春茶条纤细、曲卷似螺、周身披毫、银白隐翠、香气清新、口感鲜醇，汤色清澈碧绿，叶底明亮鲜绿，是我国的传统名茶，以“形美，色艳，香浓，味醇”四绝而驰名古今。

（2）西湖龙井，产于浙江杭州西湖湖畔的虎跑、梅家坞、灵隐一带山区之中。龙井以“色翠，香郁，味甘，形美”四绝名冠天下，被誉为“国茶”。

（3）庐山云雾，因产于云雾缭绕的江西庐山而得名，并自古以来就名扬天下，留下了许多文人茶客赞美的诗篇。

（4）安吉白茶，名为“白”茶，实为“绿”茶，其实为一种变异的茶树所产。此茶产于浙江北部的安吉。闻，清香高远，品，滋味清爽。

（5）黄山毛峰，产于安徽黄山。黄山毛峰形如雀舌、峰毫毕显，色比象牙、叶片金黄，“象牙色”和“黄金片”是黄山毛峰两大特质。

（6）太平猴魁，盛名已久的茶之极品，产于安徽太平。“猴魁两头尖，不散不翘不卷边”是人们对它的形象描述。太平猴魁的叶脉绿中隐红，俗称“红丝线”是辨别此茶的一个有效特性。

（7）六安瓜片，因冲泡后茶叶舒展开来如瓜子片状，因此得名。产于安徽六安山区，属我国历史名茶、世界著名绿茶。无梗、无芽是六安瓜片重要特征之一。

（8）信阳毛尖，产于河南信阳的山区。信阳毛尖独具“鲜香”“毫香”“栗香”，内含丰富的有机物，自古以来就属我国名茶。

（9）日照绿茶，产于山东日照。因此茶出产地处北方，昼夜温差较大，因而茶树的枝叶生长缓慢，而独具了北方茶所特有的高香、浓味、厚叶、耐泡的特点。

（10）蒙顶甘露，产于四川蒙顶山。据说蒙顶甘露是中国最古老的茶，被称为“茶中故旧”。此茶味道甘醇鲜美，饮后唇齿留香。

4. 绿茶的功效

说到绿茶的功效，首先，人们会想到缓解疲劳，提神醒脑。

绿茶中所含的茶多酚具有较强的生理活性，是天然的抗氧化剂，加之所含的维生素C，不仅能够有效清除体内的自由基，还有助于分泌能够缓解紧张压力的荷尔蒙。而绿茶中所含的咖啡因有效成分可以刺激人体中枢神经，增强大脑皮层的兴奋程度，达到振奋精神、缓解疲劳的效果。

绿茶中所含的茶多酚还可阻断亚硝酸铵等多种致癌物质在体内合成，并具有直接杀伤癌细胞和抑制心血管疾病、抗衰老、提高肌体免疫能力的功效。

绿茶还是美容护肤的佳品。由于茶多酚属水溶性物质，能够有效收敛毛孔，清除面部残留的油腻，具有延缓皮肤衰老、杀菌、消毒，减少紫外线辐射对皮肤损伤等功效。

绿茶中的咖啡碱能够增加人体胃液的分泌量，帮助消化。绿茶中含有丰富的儿茶素，有助于减少腹部脂肪的堆积，达到减肥健身的效果。

绿茶对人体虽有良好的功效，但建议避免晚上饮用，以免影响休息。

10. 国茶

——西湖龙井

龙井问茶

一、国茶

西湖龙井，绿茶中最负盛名的“绿茶皇后”，距今已有1200多年的历史，属中国历史名茶，也是中国十大名茶之一，被誉为“国茶”。

既然是“国茶”，作为国人就不可能忽视它。

还是先做功课。

龙井茶的分类很复杂。

龙井茶因其产地不同，分为西湖龙井、钱塘龙井、越州龙井三种。

除西湖产区所产之茶被称作西湖龙井之外，其它两地所产之茶均被称为浙江龙井茶。西湖龙井按照产地不同，又有“狮（狮峰）、龙（龙井）、云（云栖）、虎（虎跑）、梅（梅家坞）”五个品种之分。五种西湖龙井在产地以及炒制方面略有差异，品质各具特色，其中以“狮”字龙井品质最佳。

由于龙井鲜叶采摘的时间不同，西湖龙井又可分为“明前茶”和“雨前茶”。在清明前采制的称为“明前茶”，谷雨前采制的则称为“雨前茶”。西湖龙井茶素有“雨前是上品，明前是珍品”的说法。

作为茶人对国茶的尊敬，一定要亲自去探个究竟，更何况还有“上有天堂，下有苏杭”的美景，杭州。

二、独享西湖

到杭州已经是晚上六点多了，天色开始渐渐地暗了下来。

下了高铁，我赶紧找地铁一号线，因为事先已做足了功课，很顺利我就到了龙翔桥。等我在西湖边上找到预定好的那家酒店，安顿好自己，天已经彻底黑了。来之前我就想好了，一定要住在西湖边上，不是为了能偶遇白娘子，而是想早晨起来一推开窗就能看到西湖的蒙蒙烟雨。

按耐不住已经放飞了的心，我决定夜游西湖。

这时候，突然发现自己好饿！

杭帮菜是必须要到本地，尤其是在西湖湖畔来品尝的。

出了酒店，沿着西湖湖畔的路边，我找到了一家不是很高大上，但是很别致的专门做杭帮菜的餐厅。

这会儿已经完全安顿好了自己，整个晚上都是休憩的时光，就不能狼吞虎咽，囫囵吞枣了。先沏一壶明前的龙井，我要享受那种漫无目的的慢节奏生活。

其实龙井并不是我最喜欢的茶品，总觉得太香，香得让人有种小资的感觉，缺乏一种厚重感，每次喝龙井都会让我想起“暖风熏得游人醉，直把杭州作汴州”的诗句，但坐在西湖边是必须要以龙井相伴的。今天，我权且把自己这北方汉子当成一个江浙书生吧。

西湖醋鱼与东坡肉可是我的最爱

记得上一次来西湖还是三十年前，那时候我还是个初中学生，跟着爸爸妈妈一起来的。时隔这么久，突然发现西湖和我记忆中的不太一样，好像没有这么大。在我模模糊糊的记忆中，西湖是一潭很小的湖水，没想到站在湖边却发现，竟然大得看不到边儿。

因为天色已晚，更重要的是近日里寒流来袭，温度突然急剧下降，今晚湖边的人很少，尽管这样，我还是沿着湖畔一路走下去，找了一个彻底僻静的所在，然后，独自静静地坐在了湖畔。

我要独享那份清宁。

此时此刻，仿佛这偌大的西湖边就只有我一个人，或者干脆说这西湖就是我一个人的西湖。置身于闲暇宁静之处，然后调匀呼吸气脉，让自己彻底地放空，保持心定神凝。这就是我所理解的守静。

守静，就是独守宁静，守的是一份平和、一份空灵、一份本心、一份真我，甚至守的是一种气节。

“致虚极，守静笃”。守静，是一种非常简单的心理调整方式。

当今社会里，大多数的人平日里始终处于浮躁、市侩的氛围之中，有多少人能够独善其身，又有多少人能够闲庭信步，这种情绪与压力之下自然而然会损害你的身体，侵蚀你的灵魂。这时，守静就像一阵细雨，能够帮你洗去浮尘；就像一只温暖的手，能够帮你抚平创伤。

尽管没有体会到白天的西湖，但夜晚的西湖同样有它独特与别致的滋味。

三、龙井问茶

第一站，先去龙井村。

狮子峰脚下的龙井村盛产顶级龙井，而且此地毕竟是龙井茶之名的发源地。

随手打了辆路过的出租车，司机师傅是个年轻精神的当地帅哥，在这个行业倒不多见，很健谈，也很风趣。没走多远，小刘师傅就给我留下了非常好的印象。因为每逢遇到行人过马路时他都会停下车耐心地等待，让行人先过，这与我一路在其他城市搭乘的出租车相比，形成了鲜明的反差。

从杭州市中心延安路出发向南，大概走了半个小时，汽车拐上了一条山路，眼前的景致马上就与西湖景区截然不同。首先，路上的汽车与路边的行人明显地减少了，马上从熙熙攘攘的氛围转入了轻松惬意的意境。

还有，就是连绵散落在山间溪边的茶园。

伴着漫山遍野的茶香，沙沙的车轮声也变得有了几分情趣。

小刘师傅把车停在了一个高大的牌坊前，映入眼帘三个大字：龙井村。

龙井村，位于西湖的南面，隐于群山环绕之中。据说这里是龙井茶的故乡，也被誉为中国茶乡第一村。

进村之后发现，龙井村还是自然村落的状态。一条并不宽敞的马路穿村而过，路两边都是一间间很别致的民居，规模不一，而每间民居后面自然就是茶园了。小刘师傅告诉我，龙井村并没有什么名胜古迹，对于杭州人而言也不是什么景区，是个吃吃农家饭，品品龙井茶，闻闻山茶香，吹吹清凉风的休闲度假之所。

关于龙井村还有一个著名的历史典故。

据传，清乾隆皇帝下江南游历至杭州西湖时，来到了狮峰山下。几个美丽的乡间采茶女正在翠绿的茶树前采茶，人景合一，此情此景如画。前无古人，后无来者的“情圣”乾隆情不自禁地也跟着采茶女们采了起来。

忽然下官来报，太后突患急疾。乾隆随手将刚采下的一把茶叶朝袋内一放，便转身急速回京。

病中太后闻乾隆皇帝来到榻前，但还未睁眼，却先闻到一股淡淡清香，便问乾隆皇帝带来何物，乾隆皇帝一时间也觉得奇怪，哪里飘来的清香呢？

他伸手朝袋中一摸，原来是杭州狮峰山所采的那一把茶叶。

此时，头晕眼花的太后就想马上品尝此茶的味道，便命宫女将茶冲泡。

一阵扑鼻清香沁人心脾，太后喝完竟然双目有神，红肿消退，顿感神清气爽，无药而愈。其实太后只是近日里多食了些珍馐美味，导致肝火上升、肠胃胀气，咽喉红肿而已，并无重疾。

乾隆皇帝一时兴起，便传下圣旨，将杭州狮峰山下那十八棵茶树封为“御茶”，每年采摘新茶作为贡品，专供太后品饮。这十八棵御茶树也成为杭州一景。

到了龙井村自然学到了不少龙井茶的常识。

西湖龙井外形扁平、挺拔秀丽，色泽翠绿、赏心悦目，干茶清香、神清气爽，冲泡杯中、叶翠汤绿，口感醇厚、嚼如有物。“色绿、香郁、味甘、形美”四绝为西湖龙井的真实写照。

西湖龙井按品质分作 1 ～ 8 级，春茶中的特级西湖龙井为最优，而其余各级的色泽则由嫩绿逐级转向青绿、墨绿，外形也由小到大，茶的条索由光滑至粗糙；香气由鲜爽转向浓烈。而夏秋所产龙井，色泽呈暗绿，茶身无茸毛，叶片粗大，汤色黄亮，口感转浓且略带涩味，茶的品质低于同级春茶。

很多人偏爱西湖龙井的明前新茶，是因为明前茶在清明之前采摘，而雨前茶在清明之后谷雨之前采摘，因此，明前茶产量较少，茶汤也更加清醇，明前新茶也就更显珍贵。

转了转御茶园，规模并不大，而且感觉不到什么古风犹存，即使是那十八棵古茶树也体会不到乾隆皇帝的风流倜傥。倒是那九溪十八涧很有些精致的韵味，下车走走，贪婪地吸着满是茶香的山风的确是一种享受。

该吃午饭了，我提议感受一下龙井村的农家饭与龙井茶，也当一回杭州人，但小刘师傅却建议去梅家坞，他认为那里更适合吃饭品茶。

梅家坞也是我的目的地之一，便欣然接受了他的建议。

梅家坞与龙井村之间的距离并不远，只隔了一道山梁，一路的景致与龙井村基本相同，只是好像更开阔一些，而且还路过灵隐寺，似乎更有些神仙的味道。“不雨山常涧，无云山自阴”，我认为十里梅坞还是要胜龙井村一筹的。

怎么样，梅家坞的茶山与茶园是不是更有气势些？仁者见仁，智者见智吧。

梅家坞的道路比龙井村要宽阔很多，民居也好像更有特色一些。

最后，我亲自选了一家从外面几乎完全看不到的民居，它完全隐藏在了一片茶园之中。当然这种隐于茶园之中的民居在梅家坞有很多，都很有味道。不过，我还是最喜欢我自己选的那一家。

民居的主人是一对朴实的夫妻，有个四五岁的小儿子。两口子虽然有些腼腆，但一说到龙井村，就显得不那么淡定了。据这对当地的夫妻说，其实西湖龙井茶真正发源于梅家坞，但龙井村的人却不以为然。这其中到底是怎样的渊源，我是不得而知。

小儿子非常可爱，坐在那里歪着头竟然在喝茶。

“小孩子喝茶似乎并不有利于健康吧？”我委婉地提醒了一句。

“我们从小都是喝着自家的茶长大的，世世代代如此。”男主人很自信。

好吧！可能是我多虑了，随他去吧，小茶客。

当然，最喜欢的还是他家院落后的茶园。

在梅家坞吃农家饭有个特点，你是不能自己点餐的。也就是说，农家有什么就做什么，做什么你就吃什么。而端上桌来的各种菜肴也没有固定的名字，随你想象。我便开始给这些农家菜起了很多稀奇古怪的名字。

比如，苦瓜摊的鸡蛋饼我叫它“愁眉苦脸”。

“叔叔起的名字真难听！妈妈叫它同甘共苦。”农家的小家伙不乐意了。

心态的差异啊！

同样的事物在不同的心态之下，真的是失之毫厘，差之千里。就像茶，可以叫它“口苦心甜”。

与主人边吃边聊，当然，聊得最多的还是龙井茶。

原来我很刻意追求明前茶，而主人告诉我，梅家坞的茶农则更偏爱雨前茶。

明前茶由于采摘时间最早，所以它的特点是“鲜甜”，但茶农总觉得太嫩，那滋味总让人觉得吹弹可破，缺乏厚重之感，而且价格非常昂贵，用时髦的话讲，就像是当下的小鲜肉。而雨前茶则是种“鲜爽”的感觉，口感内蕴丰富，滋味中更加有内容，就像欣赏一个老戏骨在那里演戏，虽然片酬不高，但细细品味之后，却余音绕梁，回味悠长。

四、虎跑泉水

到虎跑，主要不是为了茶，而是为了水。

品茶，原本就是古代士大夫文化中的一种审美之举，是人、自然与文化三者之间的完美结合，故有“器乃茶之父，水乃茶之母”之说，由此可见水对于茶的重要性。自古茶人重水质，因水是茶的主要载体，品好茶时所产生的愉悦感受，以及意念境界的营造，都要通过水与茶的交融来实现。

明人许次纾的《茶疏》中曾这样描述泡茶之水的重要性：“精茗蕴香，借水而发，无水不可论茶也。”

泡茶的好水，需要具备五个要素：

一清，清澈。纯净、清澈是泡茶之水的基础。

清澈之水说明水中无杂质，或杂质含量较低。只有清澈之水泡出的茶，才能品出茶的本味。

二活，流动。为有源头活水来。活水，说明有水源且长流不止。

“流水不腐户枢不蠹”，流动的水才可能是新鲜的水。而静止不动的水很难保证它的鲜活性。活水含氧量高，富含微量元素，具有生命力。

苏轼《汲江煎茶》中云：“活水还需活火烹，自临钓石取深清。”

三轻，柔软。水质轻，所含可能有害的矿物质、金属物质相对较少。

水质的软硬通常是指钙与镁含量的高低，保持饮用水 PH 值适中是维持人体健康的基本需求。水质轻柔泡出的茶清亮鲜爽。

四甘，甘甜。人们通常会发现自然泉水略带甘甜，这是因为泉水流经岩层，含有了植物中的半乳糖成分，而经过砂石的过滤作用，这种甘甜更加纯正、清甜，这是大自然带给人类的美妙之味。

宋代蔡襄《茶录》中这样描述“甘”：“水泉不甘，能损茶味。”

五冽，凛冽。凛冽，其实就是寒。

明代田艺蘅《煮泉小品》中这样说道：“泉不难于清，而难于寒。”

西湖龙井自古以来就与虎跑泉水称为绝配。

杭州虎跑泉水乃砂岩、石英岩中渗出的天然泉水，清冽甘甜，为泡茶之绝佳之水。既然到了杭州，以虎跑之泉水冲泡一杯西湖龙井，这样的机会与经历可是绝不能错过的。

虎跑泉边很有些退隐山林的感觉吧？

虎跑泉外是杭州最美的西湖南路，恰逢初春，这里是醉美的杭州花海。

11. 淡竹积雪
——安吉白茶

超凡脱俗的奇逸之茶

安吉，原来我的理解是“安静”与“吉祥”的意思，到了安吉之后才知道，其名源于《诗经》唐风中“安且吉兮”的句子。

安吉，位于浙江天目山北麓，全年气候温和，无霜期短，冬季低温时间长，紫外线直射较少，山峦跌宕、土质肥沃、树竹交错、云雾缭绕，年降雨量充沛。优越的生态环境是养育好茶最重要的自然基础条件。

安吉被称为“中国竹乡”。

竹，在中国悠久的历史文化长河中可以称得上是一种典型的传统民族文化与象征。梅兰竹菊被称为“四君子”，梅松竹被称为“岁寒三友”。

其空心，被喻为谦谦君子的“虚”心；其竹节，被喻为宁折不弯的“气”节。竹，在中国就是仁人志士的化身，故苏东坡曾这样赞誉竹的意义：“宁可食无肉，不可居无竹。无肉令人瘦，无竹令人俗，人瘦尚可肥，士俗不可医。”足以见得竹在中国自古就象征着清新高雅，超凡脱俗。

真的是竹无俗韵。

竹茶相得益彰

安吉，茶竹之缘，相得益彰。也正是安吉竹乡这种独特的自然环境，造就了安吉白茶清冷如“淡竹积雪”般鲜爽无比，超凡脱俗的奇逸之香。

安吉白茶是由一种特殊白叶茶的嫩叶，按绿茶的加工方法制作而成，其实就是一种白色的绿茶。春季，茶树发出纯白嫩叶，但是产“白茶”的时间却非常短，通常仅一个月左右。因为白茶之“白”是因为叶绿素缺失所致。清明前，萌发的嫩芽为白色，在谷雨前，色渐淡，多数呈玉白色；雨后至夏前则变为白绿相间的花叶，至夏则呈全绿色，与一般绿茶无异。

到了安吉，冲泡安吉白茶当然要选取纯净的山泉水，才能充分领略其鲜爽。

安吉白茶原料细嫩、叶片较薄，冲泡时水温应控制在 80 － 85℃。应该选用透明玻璃杯冲泡，这样便能够尽情地欣赏其在水中的千姿百态，品其味、闻其香，更能观其叶白脉翠的独特品相。

形似凤羽，叶片玉白，茎脉翠绿，鲜爽甘醇。

到安吉，不仅为了安吉白茶，也为了安吉竹林的清雅竹韵。这样的竹林小径是一定要走一走的。

12. 茶禅一味

——普陀佛茶

有心无相，相随心生；
有相无心，相随心灭。

“放下”，“吃茶去”

一、普陀佛茶

饮茶之风，最早现于佛家。

《封氏闻见记·饮茶》记载：“南人好饮之，北方初不多饮。开元中，泰山灵岩寺有降魔师，大兴禅教。学禅务于不寝，又不夕食，皆许其饮茶。人自怀挟，到处煮饮，从此转相仿效，遂成风俗，自邹齐沧棣，渐至京邑城市，多开店铺，煎茶卖之，不问道俗，投钱取饮，其茶自江淮而来，舟车相继，所在山积，色泽甚多。”

佛教崇尚饮茶，自古皆然。

那么，佛教僧人为什么要将茶作为日常必备的饮品？

其实与茶性有密切的关系。佛教僧人日常主要功课是坐禅修行，这个过程中，需要静心息气，专注一境，才能启发智慧，体悟大道。在长年累月的坐禅修行中，僧人又少食少眠，为了克服困顿的状态，可以茶来消除疲劳，提神醒脑。此外，茶之本性，洁净清淡，符合佛教淡泊寂静的意境与忌荤抑欲的生活方式。

“天下名山，必产灵草”。在中国，但凡是名山大川，必有宝刹名寺，而有寺院必有茶园，讲经颂道，开化点拨之所必定有茶。有多少名茶就是源于佛教的圣地，浙江普陀佛茶便是其中之一。

普陀山，与山西五台山、四川峨眉山、安徽九华山并称为中国四大佛教名山。

普陀山，是浙江舟山群岛上千个岛屿中的一个小岛，面积近13平方公里，素有“海天佛国”“南海圣境”之称。

茶客历来对普陀山就有一种神秘的感觉，“海上有仙山，山在虚无缥缈间”。后来听说普陀山上的普陀佛茶也是一神圣之物，便决定去探寻这神奇的地方与神秘的佛茶。

普陀山风光旖旎、洞幽岩奇、古刹琳宫、云雾缭绕，这充满神奇魅力的自然景观只需独自静享其中，自不必说。

普陀山是观音菩萨教化众生的道场，早就听说过这里的灵验，普天之下多少善男信女都趋之若鹜。

当然，我的主题还是茶。

普陀山属温带海洋性气候，自然条件优越，冬暖夏凉、四季湿润、土壤肥沃、植被茂盛。日出之前山上云雾缭绕，茶树上挂满晶莹剔透的露珠，故普陀佛茶又被称为普陀山云雾茶，属绿茶类。

普陀山佛茶条索清晰、清新翠绿、白毫毕显、卷曲似螺，因其系僧侣采制，故称“佛茶”。冲泡后，杯中似白雾翻滚，嗅之、品之高雅怡人。

在普陀山，茶与禅有着不解之缘。

品饮普陀“佛”茶，品的是茶，悟的是禅。

说到“佛”茶，就聊一聊“茶禅一味”。

“茶禅一味”之说，出自于佛教。

圆悟克勤（1063—1135），我国南、北宋时代著名高僧、杰出的禅僧。生平先后弘法于湖北、四川等地，晚年住持成都昭觉寺。慕其为得道高僧，宋高宗在金山寺向大师询问佛法，并赐名号“佛果禅师”后，又赐名号“圆悟”，圆寂后谥号“真觉禅师”。

圆悟大师品味茶的无穷奥妙，写下“茶禅一味”。该手迹被前来悟道参礼的日本一休宗纯禅师带往日本，作为镇寺之宝珍藏于日本奈良大德寺。而这个一休禅师，就是我们熟悉和喜爱的那个“聪明的一休”。

南宋时期，日本茶道鼻祖荣西高僧两次来到中国参禅，结合中国禅道写成了《吃茶养生记》一书，此书成为日本佛教与茶道的起源。

“茶禅一味”，是指茶道与禅道有共通共融之处。而这个融会贯通，就在于清淡之茶与淡泊禅道都是追求“尘心洗尽兴难尽，世事之浊我可清”的精神境界，二者殊途同归。

茶，品人生浮沉；禅，悟涅盘境界。“茶禅一味”即品茶如参禅，“茶即禅”，“禅亦茶”。茶，带给人的启迪就是“放下”，“吃茶去”。

茶禅一味就是人生如在旅途，每日忙碌奔波，日出而作，日落而息。在浮躁与匆忙中，应小憩片刻，享受茶香，静思人生；宁静淡泊，自然平和，洗涤心尘。

二、禅

禅的本意：一个途径，一种境界。途径，渡人渡己的途径。

人生漫漫，人生短暂；人生如苦海，人生如甘露。无论人生长短，无论人生苦甘，都需安然来“渡”。

但是，如何来“渡”？

其实就是一个“悟”字。

禅宗主“悟”，无论北宗“渐悟”，南宗“顿悟”，皆以“寂”为心境，以“妙悟”为基本方式。

悟，可以帮助你缓解压力。

压力，究其本宗，来源于你的内心。

放空自己，空则无物，心中无物，何来烦恼与压力？

茶之清淡，人之淡泊，心静神宁，质朴本真。这便是参悟人生，便是禅。

悟，可以帮助你增强定力。

太多太多的为什么让我们无时无刻不处在内心躁动之中苦苦挣扎而无法自拔。究其根源，来源于你的内心。

有心无相，相随心生；有相无心，相随心灭。

知止而后有定，定而后能静，静而后能安，安而后能虑，虑而后能得。不是沮丧地放弃，而是平静地等待；不是消极地与世无争，而是恬静地面对得失。

放空自己，空则能定，不为所动，何来诱惑与不满？

该来则来，该去则去，自然和谐，润物无声。这便是参悟人生，便是禅。

“悟”，即坦然面对自己的内心。

禅的本意：一个途径，一种境界。境界，平和安静的境界。

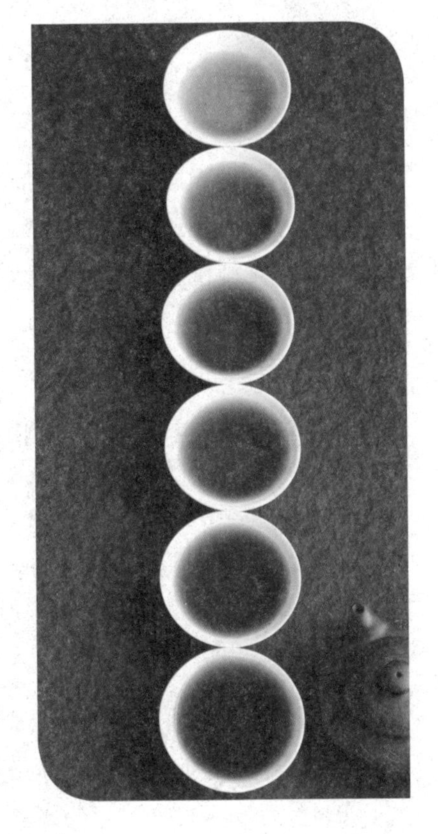

佛法中讲“八风吹不动”，即面对利、衰、毁、誉、称、讥、苦、乐而不动心境，就是一种境界。

境界，概括说，是指人的精神修养，即修为，是由人的社会经历与各自的悟性决定的。境界，其实就是自我找到的一种情感的依靠，就是心灵的归宿与家园。

习禅，就是渡那些漂泊无依之心回归自然的桃园。

中国近、现代著名学者王国维的“人生三境界”值得细细品味。“古今之成大事业、大学问者，必经三种之境界：昨夜西风凋碧树，独上高楼，望尽天涯路。此第一境也。衣带渐宽终不悔，为伊消得人憔悴。此第二境也。众里寻他千百度，蓦然回首，那人却在火阑珊处。此第三境也。”

也就是说，人生三重境界分别是：迷茫而不知前方路；追逐目标无怨无悔；不经意间已水到渠成。

品茶所悟之禅道，就是悟道理：茶叶经历滚滚沸水才能释放出沁人清香；人生只有经历过一次次困难、坎坷、挫折与遭遇，才能为自己留下那一缕缕醇香。

人生如茶。

三、禅与佛

禅，通常被大家理解为与佛教有关的事物。

佛家传播的机要秘诀，称禅机；僧堂称禅堂，佛教庙宇寺院又称禅林，僧侣静修居住、颂佛讲经的房屋称禅房；有德行的佛教中人被尊称为禅师；僧人所用的手杖被称为禅杖，等等。的确，禅与佛教有着很深的源渊。

禅，源于印度梵语中“禅那”的音译，意译可为“静虑”“摄念”“思维修”，也就是冥想、修行的意思。实为佛教的一种修持的方法。

“思维修”，依因立名，其意是指，一心思维研修为因，得以定心。

“静虑”，依体立名，其意是指禅那之体，寂静而具审虑之用。静即定，虑即慧，定慧均等之妙体曰“禅那”，也就是佛家通常所讲的参禅。虚灵宁静，把外缘（外在事物）全部摒弃，不受其干扰与影响；把神收回，使精神返观自身（非肉身）即是“禅”。

禅与“蝉”相通，指的就是万变而不离其宗。如蝉（蚕）与蛹，鸡与蛋，只因缘使然而已，轮回变化罢了，无有先后，亦无有始终，不同时空，不同形态，终是其宗。

禅，作为一种行为，就是在禅坐过程中，放下内心所有的思绪与杂念，将自身全部的意念集中于一处，从而使自己的思维与意识能够完全置于纯净与透明的意境之中，然后，安静思考。

禅的修习方法，源于婆罗门经典《奥义书》所讲，即：静坐调心、制御意志、超越喜忧，以达到“梵”的境界。

修禅的目的，可以静治烦，实现去恶从善、由痴而智、由污到净的转变，使修习者可以从心绪宁静到心身愉悦，从而进入心明清空的境界。

其实禅者，心也，心中有禅，坐亦禅，立亦禅，行亦禅，睡亦禅，时时处处莫非禅也。

人顿悟，即得禅意。

中国禅宗六祖慧能大师曾说：“外离相曰禅，内不乱曰定。”意思是，不为外部所动，就是“禅”；不为内心所动，就是“定”。

13. 油画中品酌的茶

——竹叶青

品天下之秀，酌清心之茶

茶是一个人的狂欢，酒是一群人的孤单。

一、成都，吃货的天堂

我对成都最迷恋的是锦里的小吃，每次来都必须要尝一尝。尽管我很爱茶，但与很多茶人不同，我也很好吃，尤其喜欢辣椒。这些都是我的最爱。

二、峨眉，油画中品酌佛茶

峨眉，四大佛教名山之一。

九华山供奉的是地藏王菩萨，五台山则是文殊菩萨，普陀山是观世音菩萨，而峨眉山供奉的是普贤菩萨。普贤菩萨代表诸佛的理德与定德。

但凡名山大川，必有宝刹名寺，而有名寺则必有名茶，峨眉也不例外，如同普陀山一样，峨眉著名的佛茶便是竹叶青。

与其他茶类不同，竹叶青茶的等级名称很特别，分为三级。首先是品味级，是由峨眉山高山茶区所产鲜嫩茶芽精制而成，茶客可细细品味其色、香、味、形。接下来是静心级，是从品味级茶中精选而出，品饮此茶可怡神静气，心静神宁。最高级别是论道级，由峨眉山高山茶区特定的区域所产鲜嫩茶芽精制，再经精心挑选而成，产量非常有限，极其珍稀。

论道级别又分为普通论道和至尊论道。据说至尊论道级别的茶采自海拔1200米以上的产茶区，普通论道级别的茶采自海拔1200米以下的产茶区。

论道级别的茶属于高端茶。

今晚决定夜宿峨眉。黄昏后的峨眉就像是一副油画。置身画中，心境都好似被涂抹了一层厚厚的油彩，整个人似乎也变得多了几分厚重与沉静。此时泡一杯峨眉竹叶青，就像是在油画中品酌。品天下之秀，酌清心之茶。

此时此刻，就想从此永远隐居在这幅油画中，隐居在一杯竹叶青里。

荣辱不惊，闲看庭前花开花落；

去留无意，漫随天外支卷云舒。

在峨眉山过夜，原本是打算明早赏天下闻名的峨眉日出。夜来独斟竹叶青，竟然收获了另一份心境。

其实关于品茶，古人早有说法：“饮茶以客少为贵，众则喧，喧则雅趣乏矣。独啜曰幽，二客曰胜，三四曰趣，五六曰泛。”所以才有了“茶是一个人的狂欢，酒是一群人的孤单”一说。这次独享的峨眉之夜，除了品饮清雅的竹叶青之外，最大的收获是体会到了独处的快乐。

一直以来，我都是个特别害怕孤单的人，每次形单影只之时，内心不禁会有些许的怅然若失与惴惴不安。但这一次，我似乎突然之间就学会了与自己独处。而且发现，当我学会享受独处的时候，幸福感就会悄然无声地油然而生，很轻柔，很持久，不会轻易地被其他的人或事无端地夺走。不再刻意强迫自己，强求他人；

不以物喜，不以己悲；内心真的顺其自然，快乐往往便会不期而遇。

完全回归自己最真实的内心，做最欣赏自己的知己，享受自己给自己的陪伴，静静地品味一个人的快乐。

独处的感觉真好！

今早雾气很重，没有看到想象中的日出，但我并不遗憾。

既然属于自己的风景没有错过，那么，别人的风景就该坦然路过。因为你不可能拥有世间所有的美景。

14. 工夫茶

——宜红

要的就是这一口儿！

若无闲事挂心头，便是人间好时节。

宜宾，中国著名的“酒都”。这里不仅是五粮液的故乡，也是茶的圣地。

为什么被称为“圣”地？

因为早。

“僰道出香茗，悠悠三千载。”武王伐纣时期，宜宾就已经开始种植茶树了。而每年春季，宜宾早茶也是全国最早上市的。其他地方的茶树才刚刚萌出芽尖，宜宾已经开始采摘了。这才三月初，已经可以喝到宜宾的早茶了。

宜宾的燃面很有名，一定要尝一尝。据说一点即燃，果然辣得名副其实。

吃完燃面嘴被辣得火烧火燎的，的确很过瘾。这时候特别想来一壶绿茶清火，但宜宾最出名的还是红茶。

宜红主要有两种，一是中国三大工夫红茶之一的四川工夫红茶，二是红碎茶。工夫红茶条索纤细、色泽乌润、滋味醇厚、汤色红艳；红碎茶为鲜嫩茶叶揉搓后切为匀整颗粒状的碎茶，滋味更为醇厚。

“工夫”茶与“功夫”茶是两个不同的概念。

“工夫”茶主要指茶本身，指花费了时间与精力制成的好茶。

而“功夫”茶，指的是泡茶的“学问”与品茶的“功力”。其中有很多讲究，比如主人必须亲自动手冲泡；茶要浓，在外人看来茶汤酽得要像酱油一般，才能够表达对客人的尊重；如果品茶期间又来了其他的客人，必须换掉茶叶重新冲泡，否则会认为是对客人的怠慢。

“工夫”茶以“功夫”茶的形式品饮，则被视为饮茶的最高境界。

功夫茶杯讲求“小”“浅”“薄”“白”，如“白果杯”。

初试功夫茶时会苦得难以下咽，一旦习惯了之后，就会觉得其他的茶类品饮淡如白水。就像四川的女子，刚接触时会辣得你满身冒汗，一旦走进了心里之后，你会发现全天下其他的女子顿时都变得索然无味了。要的就是这一口儿！

宜宾的三江口给人一种邂逅的情愫。

宜宾的夜是不是有些小重庆的感觉？

这里可以品工夫茶，可以静坐，或者，干脆就一个人发呆。

宜宾回来之后，突然喜欢上了功夫茶。

闲来无事时，也会在自己的书房里消遣些“功夫”，但仅仅是附庸风雅而已，我的“功夫”还远不足以登堂入室，不敢拿出来见人。不过，功夫茶中所蕴含的那种“春有百花秋有月，夏有凉风冬有雪，若无闲事挂心头，便是人间好时节”的滋味倒是很受用。

15. 重庆江畔的民国茶香
——老茶馆

心小事儿就大，心大事儿自然就小。

忘却时间才是最惬意的事儿

这次远行，其实是出差，我的最终目的地是重庆。

在四川已经溜达了一个多礼拜，还赖着不想走，真的体会到了“少不入蜀，老不出川”的含义。可毕竟现在还不是茶仙陆羽，还是要去完成我所承担的公干。

由于工作的原因，重庆每年我都会来上好几回，但每次停留的时间都很短。这次原本也一样，很快处理完工作方面的事务，可这次却不想马上离开。

为什么？我自己也说不清，就是想赖几天。

对于重庆，我最喜欢赖在江边的感觉，有点淡淡的哀愁与忧郁，很有种民国时代的画面感。

这里很适合喝茶吧？

重庆江畔品茶，让人很自然就想到民国味道。

那茶中的滋味就好似对面正款款坐着一位身着素雅旗袍的民国女子。

哎！如果此时同样爱茶的妻能在身边，那亭、那院、那人、那茶，那一幕就真的是一副黑白色调的民国画卷了。

妻虽为一北方女子，没有多少妩媚风姿，但也自有她的清秀怡人，尤其难得与我一样爱茶。每日里与我对坐茶桌前，听我对各种茶的渊源与传奇娓娓道来，这分享的滋味也是别有一番情趣。

在重庆，不管是老街、新巷，还是繁华闹市、僻静之所，处处都是各色茶馆。重庆人对茶馆的精神依赖历史悠久，可以追朔到明清时代，而今天的重庆人进了茶馆通常一“泡”还是一整天。

到了重庆，就是体验慢生活节奏，而重庆茶馆应该是最佳的选择。在重庆的茶馆体验的不仅是茶，更是重庆独特的茶馆文化。我也来感受一下。

重庆的茶馆不像其他地方的茶馆装修得富丽堂皇，清新高雅，而是比较简单，街角随便扔上几把木椅、一张木桌就成了茶馆，竟然也别有一番自在的情调。

茶馆里跑堂的称为“茶博士”，一把长嘴铜壶耍得游刃有余，那叹为观止的流畅与精准让我想起小时候看过的那篇《卖油翁》。

重庆的茶客不像江南的茶客那样斯文，躺着、倚着，大声吆喝，甚至抠脚丫。总之就是一个字，俗，俗得肆无忌惮，俗得酣畅淋漓。重庆茶馆，喝的不仅是茶，喝的更是重庆独特的味道。逍遥自在，目中无人，或许所谓的重庆码头文化要的就是这个感觉！反正人在异乡为异客，无人识得，我也放肆一回。

重庆茶馆里还有一个必不可少的物件，麻将。

对于麻将，我不嗜好，也不排斥。

重庆有很多二三十年的老茶馆，其中颇具代表性的应该数得上交通茶馆。

来来回回找了三四趟，最后还是一个路边的保洁大爷把我带到了这里。

临街没有招牌，而是需要穿行几米昏暗的胡同才看得到门脸儿；原来大名鼎鼎“交通茶馆”的门脸儿竟然是如此的不起眼儿，不知道拍《疯狂的石头》时，宁浩是怎么找到这里的。

老板娘很和气，我尝试着问了句：“这里能抽烟吗？”

“哪有茶馆不能抽烟的！”她很耿直爽快地回答我。

好吧！一碗六块的竹叶青，一包烟，上飞机前的两个小时就交给交通茶馆了。

其实，成长是越来越看重结果，而成熟则是越来越享受过程。

这种颇具沧桑感的老茶馆已经不多了，喜欢它，主要是它能勾起很多儿时的回忆，就像曾经的筒子楼，小炭房，爆米花儿，弹弓……

每次回忆都觉得是那么的甜蜜与浪漫。

浪漫，到底是什么？

不同时代的人对浪漫有着不同的诠释，不同时代的人有着不同的浪漫。

浪漫是一种发自内心的愉悦的感受，也许它是一句话，一个表情，一个眼神，一个微笑，或者是一个细致入微的举动，一段让你想起来就会觉得安心与幸福，就想去回忆的时光。

终有一天，这些不可能再复制的过去将彻底消失在这个世界上，但它们已经完全融入了我们的生命之中，深藏在了我们的心底，悄悄地安放着，成为了我们生命里不被轻易打扰而异常珍贵的一部分。

总感觉自己始终在赶时间，还不时告诫着自己：只有不断地奔跑才不会累。这会儿散坐在这长条凳上，慵慵懒懒，才发现忘却时间才是最惬意的事儿。

今天的我，似乎比以往的我要快乐与轻松很多。突然间明白了，生活的色彩源于心情的不同，而心情，有时需要一些媒介来帮助我们调节，茶馆，或许就是最恰当、最适合我的。交通茶馆，能让我放下很多原本认为无比重要，其实却是生活中完全不必要的一些东西。

正所谓心小事儿就大，心大事儿自然就小。

饿了，来碗五块钱的豆花儿，不再端着自己，彻底把自己隐于市井之中。

置身于这颇具年代感的老茶馆里，不禁让我想起英国作家狄更斯的一段话：“这是一个最好的时代，这是一个最坏的时代；这是一个智慧的年代，这是一个愚蠢的年代；这是一个光明的季节，这是一个黑暗的季节；这是希望之春，这是失望之冬；人们的面前应有尽有，人们面前一无所有。”

很不舍这感觉，但没办法，必须要去赶飞机了。

曾经一度不怎么喜欢重庆，总觉得这个城市自身的特点太鲜明，从而融合度不高，特别是那种市侩、粗犷的码头文化总会让人的心里有些许别扭，更加向往温文婉约的江南水乡气息。而今天发现，其实重庆根本就是这样一个依然保留了很多年代感的城市，很容易勾起你回忆的地方，就像是那秀丽泼辣的重庆女子，虽然很烈、很辣，但是烈得忠贞，辣得炽热。

16. 茶山竹海里的十面埋伏
——永川秀芽

寻茶，未必每次都是与浪漫相伴

就像茶，虽苦，但苦涩里渗着甘甜。

昨晚在重庆与三两知己小酌，推杯换盏间海阔天空地不经意就神侃到了夜里三点多，而且还有些醉了。

早晨听到闹钟，挣扎了很久，但最终还是没爬起来，误了昨天订好的九点多去永川的高铁。醒来之后，后悔万分，一个劲儿地责怪自己为什么没有坚持一下。因为明天中午我将搭乘飞机离开重庆，原计划今天要去永川的茶山竹海寻茶。

坐在床上犹豫了一会儿，不行！一想到漫山遍野的茶香，我按捺不住自己了，手机上网一查，11：23还有一班高铁。我像弹簧一般从床上跳了起来，顾不上洗漱，穿上衣服，收拾好东西就冲出了酒店。

出租车就要到重庆北站了。为什么今天的旅行包这么轻？我有些奇怪。

糟糕！我把笔记本电脑落在酒店了。因为我的电脑是白色的，昨晚躺在床上用完后随手就扔在了床头，酒店的被子也是白色，刚才出门时走得急，没发现。

只好赶紧给重庆的哥们儿打电话去酒店找。

等哥们儿冒着大雨气喘吁吁地冲到车站时，那班高铁也走了。

难道是天注定不让我去永川吗？我还不信这个邪了！

我又订了13：08的那一班。

永川距离重庆主城区很近，只坐了半个小时的高铁就到了。下了车，我打了一辆黑车就往茶山竹海赶。（为什么全国有那么多的高铁站都是只有黑车而没有正规的出租车？80就80，也顾不上那么多了。）

盘山而上的路很窄，又下着雨，路上几乎没有什么人。等到了景区的大门口，我有点懵了。今天下大雨山上路滑，漫山云雾能见度也差，景区的区间车停运了。

据说从这里到茶海天街有10公里路程，而且从早晨到现在我一口饭都没吃，面对着雨中竹林间的这条路，我最终还是一咬牙。

第一站，我到了卧虎藏龙的外景地。

空落落的没有一个人，心里有点紧张，不知道会突然冒出什么东西。

没想到竹林深处埋伏着的是这三位大侠。

走到最后，我在一片茂密的竹林中迷路了。远处路边突然溜达出一只不知道是狗，还是狼的东东。四下里空无一人，只有噼噼啪啪的雨声，我的头发瞬间竖起来了。我慢慢地一步步往后退着，而那只东东却朝我一步步慢慢地走来。我又不敢跑，就只能这样一步步退着，彼此对视着。好在最后它停下了脚步。

这里据说是国内最大的茶园，多么的壮观，但是今天它们都在云雾中藏匿起来，只能近距离欣赏了。还有那永川秀芽，在雨中果然是翠绿欲滴。

等到浑身淋透、饥肠辘辘的我连滚带爬地回到宾馆时，天已经黑透了。

寻茶，未必每次都是与浪漫相伴，有时候要吃很多苦，但就像茶本身一样，虽苦，但苦涩里渗着甘甜。

17. 樱花丛中的茶

——湄潭翠芽

平生于物之无取，消受山中水一杯

寻茶之旅中最美好的感受不仅是品味不同的茶，还能体会不同的人。

一、清凉贵阳

公司要去贵州招聘一大批操作员工，听到了这个消息后我兴奋不已。

为什么？一方面可以逃避几天北京的桑拿天，“清凉”可是贵州的一张著名的名片。据说，贵阳夏无酷暑，冬无严寒，所以有了“上有天堂，下有苏杭，气候宜人数贵阳之说”。另一方面，也是更重要的原因，因为茶。

曾经有贵州的朋友给我带了些湄潭翠芽，虽然投茶量过大时稍稍有些醉人，但其独特的清香却是过口难忘。这次可以去贵州的湄潭县亲身、实地一睹芳泽，这样绝妙的机会怎么可能放过！

飞机开始降落了，从舷窗向下看，发现贵阳是一座完全处于群山环抱之中的城市，山中有城，城中有山，山城交错，浑然天成。

刚出了机场的到港大厅，迎面而来的是一阵清凉的风，北京聚集多日的燥热瞬间一扫而光。

每到一处新的所在，第一件事还是品当地小吃。贵州最出名的小吃是米粉，其中羊肉粉更是一绝，而且一定要配贵州的辣椒面儿才够味儿。记住，不是那种常见的油泼辣子，而是干辣椒面儿。那滋味真的是爽到爆！

听说黔灵西路有一个贵阳最有名的夜市，那里的小吃一条街最能够体现贵阳的民俗与风味，晚饭后我硬是拉着一起出差的小陈一探究竟。碗耳糕、波波糖，其中我最喜欢的是肠旺面与啃骨头，说这啃骨头有特点，不仅是味道与东北大骨有所不同，还有就是真的很贵。

饭饱酒足后，我又生拉硬扯地把小陈拖到了甲秀楼一起闲逛消食。十年前曾来过甲秀楼，十年后感觉没有多大变化。但是突然发现，十年一眨眼就过去了。唉！时间都去哪儿了？

清凉的夜是一定要有茶来相伴的，一杯都匀毛尖竟然 80 块！看来贵“粥”不仅是“粥”贵啊！肉也贵，茶更贵。不过甲秀楼边清凉的夜风徐徐，倍感清爽与通透，让人立刻想到一首久违的歌：“看阵阵凉风迎面在吹，吹呀吹呀吹入心扉，我爱这仲夏的滋味，犹如喝下一口冰凉的水。”

清凉贵州，果然清凉。

二、红色圣地

办完所有公务的第二天，小陈先回去了，我便独自出发前往遵义。我打算去湄潭县看湄潭翠芽，遵义是必经之地。

贵阳到遵义有火车，只需要三个多小时，很方便。

既然到了遵义这块红色圣地，一定要去了解些革命历史。

青山翠岭中的红军烈士陵园很肃穆，让一贯闲云野鹤，无拘无束的我不由得肃然起敬。

这个从小在书本、电影中已经见过了无数次的熟悉的地方，让人不由自主地心生敬畏。其实，每一次面对敬畏之人，敬畏之物都是对灵魂的一次洗涤。

三、樱花丛中的茶

遵义到湄潭县只有七十多公里，长途汽车很方便。

到了湄潭，首先映入眼帘的不是茶，而是这漫山烂漫的樱花。

这次到湄潭，没想到竟然意外地遇到了湄潭的樱花节。

原来只知道每年的3、4月间是日本的“樱花节”，而樱花也是日本的国花。或许是民族情结所致，一直对樱花有一种别样的感觉，但这次如此近距离地接触樱花，彻底颠覆了以往对樱花的情感。

首先，樱花与其他花最大的差别是先花后叶。挂满枝头的是洋洋洒洒的花朵，而几乎没有几片树叶，给人一种厚重的感觉。刚过了寒冬，一片萧索肃杀之中，象征着美丽、热烈、纯洁与浪漫的樱花就带来了春的气息。

此外是樱花的花意。樱花的花期很短，通常只有三五天，所以樱花的灿烂才格外地珍贵。就像人生，既然那么短暂，就应该在凋谢前轰轰烈烈地绽放。

这次湄潭之行还听到了樱花在日本的传说。

原本樱花只有白色的花朵。

在幕府时代的日本，当一个崇尚武士道精神的勇敢武士达到人生的顶峰时，他会选择在美丽的樱花树下剖腹自尽，在最辉煌的时刻结束自己的生命。从此，樱花开出了红色的花朵。而樱花的花瓣越是鲜红，意味着树下的亡魂就越多。

听着有点瘆得慌。

以前总觉得贵州的茶并不像云南普洱、西湖龙井、黄山毛峰那般如雷贯耳，十分出名，这次到了湄潭才知道，其实贵州产茶的历史也很悠久，清《贵州通志》中记载："黔省所属皆产茶……湄潭眉尖茶皆为贡品"。

贵州的名茶很多，除了十大名茶之一的都匀毛尖，还有绿宝石、春江花月夜、遵义红等，当然，还有我最喜欢的湄潭翠芽。

湄潭是贵州最大的茶叶基地，被誉为贵州，甚至中国茶叶的第一县。我曾经看过很多的茶山、茶园，湄潭的茶山还是非常壮观的。

在湄潭竟然遇到了一对俄罗斯情侣，这对来自异国他乡的年轻人到湄潭竟然也是为了茶。以往总觉得茶是中国的一个传统甚至有些古板的东西，今天，即使是中国的年轻人似乎都不会太感兴趣，所以，第一次在茶园里看到这样金发碧眼的年轻人，颇感意外与好奇的我便主动地搭起了讪。

他们来自乌拉尔山以东，西伯利亚贝加尔湖畔的伊尔库兹克。由于那里气候寒冷，一年的平均温度都在零下十几到三十几度，所以，每年他们都会到中国的一些温暖的地区度假，比如海南岛。由于经常来中国，慢慢地他们喜欢上了中国独特的饮料，茶。

看来，茶真的已经成为了世界的味道。

对于俄罗斯人，我一直很好奇，尤其是看了一本叫《俄罗斯性格》的书之后。书里讲述的第二次世界大战中那位被毁容的英勇的坦克手的故事，多年以来就是俄罗斯人在我心目中的形象。

这对情侣与我想象中的那种好斗、急躁、极端与粗糙的俄罗斯人完全不同，他们温和、礼貌，受过很好的教育。帅气的小伙子那深邃的眼睛让我想起了最具贵族气息的“乌克兰核弹头”舍普琴科，而美丽的女孩儿具有莎拉波娃的高贵气质，这绝对是一对俄罗斯版的神雕侠侣。

寻茶之旅中最美好的感受不仅是品味不同的茶，还能体会不同的人。

18. 能触摸到自己内心的茶

——蒙顶黄芽

对我今后的人生而言，最重要的是，亲人相伴的心安。

一、雨城、雨天、雨中情

成都到雅安只有 140 公里的路程，目前火车还没有通车，就只能坐长途汽车前往了。由于这次旅行前很长一段时间内心情持续低沉，妻执意要带着孩子陪我，所以，这次是一家三口一同前往雅安。

为了第二天方便出行，我们提前一天住在了新南门长途汽车站附近的宾馆。

出发那天的早晨，成都正下着蒙蒙细雨。

记不得平生已经来过几次成都，应该有七八次吧，但好像每次都是阴雨天气，这次也不例外，这是我唯一不喜欢成都的地方。但我听说，雅安的雨水却是更多，被四川人称为“雨城”。

由于下雨，长途汽车的玻璃上生了一层薄薄的雾气，车窗外有些绰约、模糊，这种阴雨的天气总是会莫名其妙地给人一种忧伤的感觉，看着雅安天空中落下的细如发丝的绵绵细雨，心底油然而生了一缕惆怅。

为什么？就是为了雨吗？或许是，又好像不是。

这次远足，其实是带着困惑出门的。拼了十多年，心很累，想歇了，但似乎又放不下身边已经十几年那些熟悉的人，习惯的事，毕竟日久生情是人之常情。

我该怎么选择？一时间自己没有了答案。

在这种怅然若失的心情的陪伴下，两个小时后，长途车到了雅安。

雅安除了星罗密布的茶园外，竟然也有成片的油菜花，而且正值灿烂的季节，心情顿时灿烂了很多。

下了长途车，搭了路边一辆三轮车，再换乘私人的小巴士到了蒙顶山。

妻网上预订的房间在半山腰，要走一公里左右的山路。

天气突然就放晴了。

茶树相伴的山间小路，走一走已经是件愉悦的事了。

细心体贴的妻在网上订的小木屋很有味道，还有一个雅致的名字“茗源嫣坡”，名茶的源头，姹紫嫣红的半坡。

多漂亮的黄芽！

“扬子江中水，蒙山顶上茶”。关于蒙顶茶，自古就源远流长。

“闻道蒙山风味佳，洞天深处饱烟霞；冰销剪碎先春叶，石髓香粘绝品花。蟹眼不须煎活水，酪奴何敢问新芽；若教陆羽持公论，应是人间第一茶。”

烟雾缭绕又云霞满天的蒙顶产很多名茶，蒙顶甘露、蒙顶黄芽最为出名。其中蒙顶甘露为绿茶极品，蒙顶黄芽为黄茶珍品。

我们信步来到山间一家规模不太大的茶厂，里面正在制茶，所产的茶很纯正，尤其是今年的蒙顶黄芽头春新茶，清醇无比。后来得知，这家茶厂的老板姓蒋，家族中已经有好几代的制茶历史。每次到了茶的原产地，尤其到了当地的茶厂，是一定要带回去一些的。带回去的不仅是茶，更是那香浓怡人的回忆。

是茶，让我从一个只知道奔跑而不知道累的人，变成了一个会享受天伦之乐的人，会触摸自己的内心的人，会与自己心灵对话的人。

入夜了。

茶园之夜恬淡得仿佛听得到自己心跳的声音，伸手好像就可以触摸到自己的心灵，与自己的内心来一次无我与忘我的对语。

我到底要什么？我要的是亲人相伴的心安。

这是我的初心，最本源、最真实的声音。

半山茶园中清粥小菜的早晨让人有一种归隐山林的感觉。

到了雅安，水墨丹青的上里古镇是一定要去的看一看，停一停的。

离开蒙顶山，突然发现自己不再困惑，真的有答案了。

人生最不可或缺的幸福是有人去牵挂你，你也同样有牵挂的人，剩下其他的一切都不重要。

二、黄茶小常识

1. 简言黄茶

黄茶，属轻微发酵茶，其加工工艺与绿茶相近，只是在干燥环节的前或后，增加一道了“闷黄”的特殊工艺。“闷黄”其实就是促使鲜叶中所含多酚叶绿素物质部分氧化，这是黄茶之“黄”的关键。具体做法就是将杀青和揉捻后的茶叶堆积后以湿布覆盖，“闷”以若干时间，导致茶叶在湿热作用下发生自动氧化，形成独特的“黄叶黄汤”。

黄茶，有时候会被误认为是品相不好的绿茶，是因为黄茶与绿茶的加工工艺相似而导致外形相近，引起误会。但二者有本质的差别，绿茶是不发酵茶，而黄茶属于发酵茶类。

黄茶是我国特有的一个茶种，湖南岳阳为中国黄茶之乡。

黄茶的香气以清新为上，浊闷为下；茶汤以金黄明亮为佳，暗黄或浊黄为次；叶底以芽叶肥壮为好，薄瘦为次。

黄茶，按其原叶的鲜嫩程度以及芽叶的大小分为黄芽茶、黄小茶和黄大茶。黄芽茶的代表是湖南岳阳的君山银针，四川雅安的蒙顶黄芽等；黄小茶中的平阳黄汤较为出名；而黄大茶中最有代表性的是广东大叶青。

2. 黄茶的历史

在我国茶的历史上，早期以文字记载的黄茶与现在所定义的黄茶是截然不同的两种茶类。

古代所记载“黄茶”，指的是茶的原叶呈黄颜色的茶，究其本源实为绿茶，如部分晒青绿茶、陈绿茶、青茶等都是黄色茶叶、黄色茶汤。而在现今所定义的黄茶，是指经过“闷黄”工艺而制成的黄茶。

3. 黄茶的种类

这里，介绍我国最著名的几种黄茶：

（1）君山银针，我国黄茶中的极品，产于湖南岳阳洞庭湖中的君山。其成茶外形挺拔抖擞、身披银毫、金黄明亮、毫香四溢；汤色明黄透亮，口感清雅甘醇。

（2）蒙顶黄芽，产于四川雅安蒙顶山，新中国成立后曾被评为全国十大名茶之一，是我国的传统名茶。该茶距今已有二千多年的历史，自唐朝开始成为皇家贡品，由此，也成为我国历史上有名的贡茶。蒙顶黄芽的制作工艺较复杂，需经杀青、初包、复炒、复包、三炒、堆积摊放、四炒、烘焙八道工序方可加工而成。

（3）广东大叶青，该茶出现于明代，具有悠久的历史。该茶的制法与其它的黄茶有所不同，是先萎凋后杀青，再揉捻闷堆。是黄大茶的代表品种之一。

（4）海马宫茶，产于贵州大方县的海马宫乡，创制于清乾隆年间。海马宫茶具有严格的采摘标准，一级茶为一芽一叶；二级茶为一芽二叶，三级茶为一芽三叶。海马宫茶为清代贡茶。

4. 黄茶的功效

黄茶是沤茶，在黄茶沤黄的过程中，会产生大量的消化酶，而该物质对人的脾胃极有好处，可以辅助治疗消化不良、食欲不振等症状。

黄茶中富含茶多酚、氨基酸、可溶糖、维生素等多类营养物质，对人体具有保健功效。

黄茶，由于其加工工艺的原因，大量保留了原叶中的天然物质，而这些物质具有防癌、抗癌、消炎、杀菌的特殊功效，此特点也远胜其他茶类。

此外，黄茶还具有消食减肥的功效。

19. 悠幽绵长的暗香

——君山银针

起起落落、沉沉浮浮的茶

哪怕是最平淡的日子也要用茶浸泡出最有诗意的风情

一、暗香

喜欢君山银针，首先因其独特的“暗”香。

自古好茶善香，其中红茶松香，绿茶清香，白茶醇香，黑茶闷香，青茶火香，而黄茶中的君山银针却是一种“随风潜入夜”般的悄无声息的“暗”香。这种香具有一种俏不争春的气度，与静看尘世的风范。

因此，我称君山银针为茶之君子。

此香如同人生的态度。

不争，不是不屑，不是不值，更不是不敢，不是不能，而是不必。

虽然植根于岩石的缝隙里，依然难掩俏丽，这便是“俏不争春”。

君山银针还有一个独特之处。

冲泡后，如针的芽尖悬空竖立在水面，之后便犹如雪片般纷纷撒落于杯底，而沉入水底却依然能够保持直立。再次冲泡，再次竖起，循环往复，直至茶清。此情此景让人难以忘怀。

人生中无论你曾经多么辉煌，总会从绚烂的舞台上走下，做一个静静的观众，清清的看客，那一天，那一刻，是谁都无法改变的自然规律与社会规律。而在你最终走下舞台的时候，能否带着恬淡惬意的笑容与虚怀若谷的祝福，没有期许，没有遗憾，如君山银针般仅仅空留“暗香”，然后静静地欣赏着舞台上没有自己的演出，便是人生境界的考量。

谁的人生不是历经起起落落与沉沉浮浮。

一念起，天涯咫尺；一念灭，咫尺天涯。又有几人真的可以悟到握紧双手，手中无物；松开双手，手中乾坤？又有几人真的可以做到沉而不沦，起而不傲，不念过去，不畏将来？

每一次起落就是一次历练，每一次沉浮就是一次积淀，人生就是在这无数次的历练与积淀中变得厚重，而君山银针就是在这一次次翻滚与浸泡中散发出悠幽绵长的暗香。

终于懂得，真的没必要让向全世界解释什么，安静着沉默就好。

笑看花开时你得到好心情，独享花落时你需要高境界。

“请君试问东流水，别意与之谁短长。”不仅需要智慧，更需要勇气。

每品君山银针，便会使人自然而然地想起这样一首诗，“翠团云拱嫩芽新，百碾千搓一水淳。我看座中名利客，能知真味是何人。”

每品君山银针，便会告诉自己，我会把今后哪怕是最平淡的日子用茶浸泡出最有诗意的风情。

一天很短，短得来不及细细品味清晨，黄昏便已经靠近。

一生很短，短得来不及纵情享受人生，白发便已经染鬓。

所以不要为情绪浪费心情，因为浪费心情就是浪费生命，我们真的浪费不起。

2017 的春天已到，怎可轻易就这样辜负？让我们与茶相伴，尽情地做一个桃花庵下无忧无虑的桃花仙吧。

二、霜叶红于二月花

虽然对君山银针情有独钟，但这次到湖南主要不是为了寻茶，而是寻友。

突然想起一个现居湖南二十多年的老友，突然很想聚一聚，于是突然就出现在了他的面前。男人之间对待情感的方式与女人不同，未必会经常联系，但丝毫不影响彼此的情感，就像藏了一坛老酒，随时开启，日久醇香。

我们曾在十年前做了一个情景假设，两个人在橘子洲头同饮一壶茶。

突然就得偿所愿了。

人们常说：当你喜欢回忆时，说明你老了，此话还真有几分道理。多年之后的相聚，十句有九句都是曾经的趣。

我自小就是一个比较任性的主儿，而我这哥们儿恰好是一个非常体贴细心，习惯为别人着想的人，就拿喝酒这件事来说，年轻时候的我不加节制，经常会喝得酩酊大醉，而每次他都会尽力克制自己，最后把我安全地送回家。记得有一次，那是2009年夏天，我和他在中哈边境谈一个合作项目，席间我与对方好几个人拉开架势推杯换盏，大战了不知道多少个回合，而他始终一语不发就那样安静地陪着我，最后安全地把我送回了宾馆。

这段时间，工作中遇到了很大的困难，有些无助，突然想到了他。如果有他在我身边那该多好！虽然现在已经不在一个公司了，能和他一起聊聊，一起坐坐，都能给我带来些许平静与安宁。就这样，我订了张机票飞到了长沙。

到了长沙，是一定要去爱晚亭踏一踏石径，坐着享受一下白云生处的感觉。

曾经在北京工作了十几年，眼前这长沙岳麓山的枫叶是否真的红于二月花我不妄加评论，但是与北京香山的红叶是截然不同的两种味道，与著名的三峡红叶也各有千秋。或许是因为心情略有些沉重的原因，感觉香山的红叶火红而热烈，那是一幅绚丽而灿烂的画面。一江碧水，两岸红叶的三峡红叶则会带你走向幽幽暗暗的历史长廊。而这里的枫叶却有着几分残阳如血的悲怆之感。

三、垂钓君山

听了哥们儿的建议，一起去了他的老家，岳阳。

岳阳最出名的是江南三大名楼之一的岳阳楼。

范仲淹那句“先天下之忧而忧，后天下之乐而乐”让岳阳楼天下闻名。

到岳阳楼走一走，一定要悟得出“不以物喜，不以己悲”的道理。

“不以物喜，不以已悲”，其实就是学会不要让自己沉沦于内外的情绪之中，不要做情绪的奴隶。庄子曾说过：“人生天地之间，若白驹之过隙，忽然而已。”能够放得下负面的情绪，能够卸得下情绪的负担，这才是智慧的选择。

当下，实在有太多太多的人始终挣扎在情绪的漩涡中无法自拔。生活、工作、情感，甚至孩子、父母、天气都会让人陷入情绪之中忿忿难平。于是，愤青成了一个庞大的社会族群，一种蔓延的社会心态。此时此刻的我，或许还不属于愤青一族，但还是不由自主地陷入了自我的情绪陷阱之中。

我一直期许唯美的生活方式，而唯美的本源其实是简单，简单的思维，简单的习惯，简单的生活，简单的情绪。

也就是这所谓的“不以物喜，不以已悲”。

岳阳楼意外遇到了小乔墓。

诸葛亮曾说过：曹操起兵百万直指江南就是为了这个小女子。没想到历史上最大的红颜祸水的墓地竟然是这样不起眼儿。而周瑜气量太小，早早撒手西去，小乔孤单终老一生，也应了自古红颜薄命一说。

凡是爱茶之人，旅行都有一个共同的特点，就是茶，只去产茶之地，尤其是出名茶的地方。

据说市场上假冒的君山银针很多，而区别真假最直接的方法是观察冲泡后的茶是否直立，不知道这方法是否真的百试不爽，我也权且试一试。

在君山岛，我那哥们儿提出一起去湖边钓鱼。他知道，钓鱼可是我一直以来最不愿意做的事，但他说或许这是目前我最应该做的事。我明白他的真实心意，尽管内心知道以自己的秉性钓鱼肯定达不到他的预期目的，但又不好拂他的意，便勉为其难地答应了。

一个人的生命中都有林林种种的朋友，就像是一片森林中有各种各样的树，每一棵对于这森林而言都有不同的意义。有一种朋友，或许可以称之为心灵陪伴的使者，是上天赐予的生命中最珍贵的礼物。不必朝朝暮暮，长相厮守，而灵魂却能相依相偎，甚至相对无言，莫逆于心。

他便是其一。

看我心不在焉的样子，哥们儿劝道：钓“鱼”，其实是钓“娱”，就是享受快乐的过程，而不注重最终的结果。

好吧，既来之则安之。

一边喝茶，一边钓鱼的确能心无旁骛地放松长期紧张的心情，同时还能充分享受洞庭的湖光山色，亲近自然，是个不错的感受。但我的钓鱼技术实在太差，加上三心二意，一个小时过去了我毫无收获。

还是尽情享受君山银针吧。干脆，我躺到了湖边一块光溜溜的大石头上。

黄茶的外表看起来很像绿茶，但口感绝对不同，那股闷香比绿茶要绵柔很多，丰富很多。而且三起三落，使观茶也成了件颇有情趣的事。

无心插柳柳成荫，没想到几乎要放弃的时候竟然突然就有了收获。一条十来厘米长的小鱼误打误撞地咬钩了。真的是得来全不费工夫。

哥们儿看了看那条好不容易才钓上来的小鱼，劝我放生。我可不干！我坚持要拿它炖鱼汤，哥们儿知道拗不过我，摇了摇头只能随我去了。

晚上到了哥们儿的家，我坚持让嫂子把我这条小鱼熬成鱼汤。

不管怎么样，洞庭湖的鱼还是无比鲜美的。

一边喝着鱼汤，我一边胡思乱想起来，突然发现，钓鱼其实就是一个欺骗的过程，用鱼饵去引诱鱼儿上钩。

离开洞庭湖，我更加不喜欢钓鱼了。但是，在友情的滋润下心情好了很多。

其实，能够始终保持一种良好的心情与心态是一种能力，或者说是一种素质。看来我还需要修炼，因为人生的旅程就是一场灵魂的修炼。

20. 其乐融融的生活方式

——广东早茶

认错是一件很愉快的事儿

与妻子发生了一次严重的争执，双方各执一词，互不相让，结果我摔门而出。尽管夫妻间的矛盾是无法避免的，像这一幕也时常发生，但这次的确是她的错，我实在是忍不住了。

夫妻之间要想长相厮守好像除了“忍”之外没有什么秘诀，而且不仅“忍”，还得“一忍再忍”，唯一不能出现的是“忍无可忍”。

站在大街上，一时间不知道该去哪儿，索性打了辆车直接到了机场。

我告诉自己，最近的一班航班，就是我的目的地，结果是广州。

每次到广州好像都是这个时间，下午六点多，因为广州街道上弥漫着的餐厨味道很独特，与每个城市都不一样，哪怕你闭上眼睛，轻轻一嗅，就知道这里是广州。实在没什么心思，随便找了一个宾馆，蒙头就睡。

第二天很早就醒了。

一醒来，还处于懵懂之中的我竟然不知道身在何处，缓了几秒钟后才搞明白自己原来在广州，才想起昨天发生的事儿。

唉！怎么会这样？

转念一想，既然已经如此，就权且暂时放下，感受一下广州的生活吧。

对于广州，我最喜欢的是早茶。

食在广州，味在西关。广州早茶最出名的是西关。天还很早，广东人就几代同堂或三五知己来到了茶楼“叹早茶”。“叹”在广东话里是享受的意思，不过，广东早茶的确是一种消遣与享受。

据说广东早茶源于清朝，有着悠久的历史渊源，而其中省会广州最为盛行，已经发展成为当地的一种著名的传统生活方式，现已走出广州，延伸到了全国的很多地方。我曾在重庆解放碑的一家酒店品过广东早茶，味道还算正宗。

广州的茶楼与四川、重庆的茶馆不同。首先从名称上看，一个是茶“楼”，一个是茶“馆”，就可一窥端倪。重庆的茶馆，如前面介绍过的交通茶馆保持着自然的原始风貌，质朴而简单。而广州茶楼的富贵气息较重，一般都是三四层楼，底层大厅通常高六七米，装修得富丽堂皇。茶楼内有包厢，有雅座，有金碧辉煌的大堂，有别致典雅的中厅。

在广州享受早茶的目的也各不相同。其中，很多人是出于休闲消遣的目的，也就是把早茶当做一种享受的生活方式；还有相当的一部分人是把早茶当做商务社交的手段，称之为“请早茶”；当然，最多的还是把早茶当做家人团聚的媒介，就是为了享受祖孙几代其乐融融的天伦之乐。

以前在广州当地的朋友请我“叹”过很多次早茶，所以，对其中的讲究还是略知一二。我便要了一壶广东早茶中最常见的茶品，英德红茶，还要了两件点心，也就是广东早茶中标准的“一盅两件”。

我对广州早茶的理解有些粗俗，我认为广州早茶不是以饮茶为主，而主要是吃早餐。而其中，我最喜欢的是叉烧包与肠粉。

风扫残云般叉烧包与肠粉已经下了肚，但对于我这个胃口一贯很好的北方人来说竟然没有什么反应，看来所谓的“一盅两件”完全不适合我。原来与广州的朋友一起“叹早茶”时就经历过这种尴尬，尽管味道很棒，可就是感觉吃不饱，主要是看到周围的人都是这样“一盅两件”，也就只好忍忍了。今天可没有熟人，也就顾不了旁边的人怎么看待我的吃相了，虾饺、蒸排骨、奶黄包，搞了一个遍，临末了还来了盘牛百叶，太过瘾了！

早茶，当然离不开茶。

英红还是很有特点的一种红茶。

英德产茶的历史也能追溯到千年以上，陆羽的茶经里曾有过“岭南英德产茶”的记载，而英德红茶却是源于云南。

英德红茶是五六十年代引进于云南大叶种红茶，结合广东凤凰水仙天然花香的制茶工艺制作而成的一种较年轻的红茶。英德红茶与祁门红茶、滇红茶相比，最大的特点是香与滑。

据说英德红茶很受英国王室的推崇，是招待宾客的宫廷茶。

茶足饭饱后，开始看着周围一家家团圆幸福的温馨画面，突然感觉很想家。刚才还独自盘算着这几天去汕头、潮州散散心，顺便品品潮汕功夫茶，这会儿却只想回家。

夫妻之间的对与错真的很重要吗？

答案肯定是否定的。

突然想起一句话：夫妻间发生矛盾，先认错的不是因为错，而是因为珍惜。记得前段时间刚刚热播的电视剧《冰山上的来客》里有这样一句塔吉克的谚语：“认错是一件很愉快的事儿”。

我决定向妻子认错，于是，便拿出了手机。

稍稍踌躇了一会儿了，拨通了妻子的电话。

“什么事儿？”电话里传来妻子冷冷的腔调。

“还生气呢？”我试图缓和一下彼此紧张的气氛。

“你抬脚就走，一夜不归。这日子是不是不想过了！”妻子丝毫没有缓和的意思，而且语气更加地咄咄逼人。

“你决定不过了吗？”我的火一下子又被激起来了。

“过！”电话那头妻子大声喊了一句。

“你说什么？”我有点不相信自己的耳朵，原来每逢此时，妻子的回答都是:“不过就不过！”这次为什么会有不同的答案？

“我说我要过！”妻子又重复了一遍。

我明白了，其实这是妻子在变相认错。

好吧！话已至此我还能说什么呢？生活对于每个人而言都已经很不容易了，还是彼此简单些吧。

此时唯一该做的就是订今天的回程机票。

临上飞机前，还不忘给同样爱喝茶的妻子带些英红。哎！生活就像人们常说的那样“夫妻之间不是不吵架，而是吵了架之后还能像夫妻一样继续生活。”

大知闲闲，小知间间嘛。

21. 用直凝静的夜
——李清照与凄美的茶

有时候，有茶相伴，又会是一次温文婉约的凄美邂逅。

公司大堂的地毯已经用了十年，很旧了。老板恰好是个很恋旧的人，非要换原来同样的品牌，同样的花色，没办法。

据查，这是台湾惠普地毯厂的产品，大陆的厂址在江苏苏州的角直古镇旁。

采购地毯的任务落在了公司工程部总监老邓的身上，而老邓与我私交甚密，便强烈要求公司派我与他同行，我自然是非常乐意的。

对于江南水乡我可是情有独钟，尤其是对夕阳西下古镇的感觉更是着迷。

老邓很喜欢喝酒，特别是旅途之中，但北京火车站是禁止带酒上车的，于是，狡猾的他把酒装进了矿泉水瓶里，就这样偷偷地带上了车。

与这位老哥哥一起出差，一起小呷两口，实在是一件惬意的事儿。

到了苏州先办正事。并没有花多大力气就搞定了，但毕竟是十几年前的花色，早就停产了，厂家需要重新安排设计与生产线，不仅耗时，而且要花几倍的价格。这也是意料之中的事。

了却公务之后，可以彻底放松地享受一下角直古镇了。

角直古镇距今已有 2500 年的历史了。

在角直，灵妙的水，秀丽的桥，曲折的巷，古风的宅水乳交融，犹如吟诵着白居易的那首《琵琶行》，“千呼万唤始出来，犹抱琵琶半遮面”使人禁不住“春江花朝秋月夜，往往取酒还独倾”。

“上有天堂，下有苏杭。”一方秀丽而充满灵性的青山绿水，滋润出了阴柔、精致的江南风情与欲说还休的婉约味道。

对于江南水乡，我始终认为夕阳西下、华灯初上才是它最迷人的时候。微风徐徐，流水潺潺，曲折蜿蜒，如歌如诉，那独特的温润婉约被慢慢地释放了出来，渐渐地弥漫在了空气中。

夜渐渐地静了下来，老邓也已经睡去。

每逢这样的夜晚总觉得睡觉实在是一种莫大的亵渎与浪费，便独自在客栈的廊上信步，意外地看到了这样一首诗，“南来尚怯吴江冷，北狩应悲易水寒。”难道曾经避居吴江的李清照也来过角直？

依栏而坐，一杯苏州太湖洞庭山的名茶碧螺春，翠碧、清绿中想起了李清照那悲苦的茶的故事。

李清照的《金石录后序》中有着这样一段：“余性偶强记，每饭罢，坐归来堂烹茶，指堆积书史，言某事在某书某卷第几叶第几行，以中否角胜负，为饮茶先后。中即举杯大笑，至茶倾覆怀中，反不得饮而起。甘心老是乡矣，虽处忧患困穷，而志不屈。”

李清照对已卒赵明诚的思念与茶缘跃然纸上，每读、每忆必潸然泪下。

看来，茶自古就已与多情之人纠结在了一起，共同上演着那一幕幕生死相依的风花雪月与阴晴圆缺的悲欢离合。

角直凝静的夜晚，伴着蟋蟀的叫鸣声，不禁感慨茶对于生活与情感的意义。

茶是知己的媒介与载体；是爱人的信物与依恋；是一种悠幽绵长的生活方式。有时候，有茶相伴，又会是一次温文婉约的凄美邂逅。

22. 品茗、思悟，学会放下

——三峡悟茶

生命不一定完美，但并不影响生命本身的美。

这次真的不全是为了寻茶。

四十多岁的男人是一生中压力最大的阶段，虽然有了一定的社会认可，有了一定的经济基础，但也是父母最需要关照、妻子最需要关爱、孩子最需要关注的阶段。这个阶段表面上看起来似乎有些闲庭信步的气度，但实际上真正属于自己的惬意心情与闲暇时光并不多。虽然不需要像年轻时那样身心疲惫地全力拼杀，但是心底时时刻刻都无法像年轻时那样干干净净地放下哪怕片刻。

这种状态就一个字，累，但却并不知道为什么累。其实是因为放不下。

即使偶尔真的闲下来，马上就会觉得有一种无所事事的空虚，感觉精神被掏空一般，仿佛只剩下了一幅空落落的躯壳。原来自己不知不觉已经不会闲了。

这次打算彻彻底底地放下一回，让自己的心情放个小长假。只有真正放下“繁”与“忙”，才可能得到真正的“安”与“静”。

这次的主题就是休闲品茶，品的就是八个字：品茗、思悟，学会放下。

我选择了三峡游轮。

带着自己心爱的茶壶与心爱的茶，晚上七点从重庆朝天门码头登上了游轮。这时候，最适合的是一壶醇厚的黑茶。倚着甲板上的护栏，听着江水的夜能让人真的从容与宁静下来，静下来之后突然发现，自己的幸福感似乎是被一些无端的人和事打搅了，而那些原本以为无比重要的人和事其实是那么的无关紧要。

清茶一杯，夜下独饮，几许江风，闲赏月色。

品茗

《世说新语·纰漏》中有这样的记载:“下饮,便问人云:此为茶,为茗?”由此而知,“茗”与“茶”的定义在最初就是有区别的,早采为“茶”,晚采为“茗”,后泛指茶,成为了茶的统称。

也有这样的解释,茗是由嫩芽制成的茶,吴人陆玑《毛诗·草木疏》中记载“蜀人作茶,吴人作茗”。

不管古代怎样定义,茗,在现代就是茶的代名词。但是“茗”这个字,似乎又更容易把人带入一种清幽、柔美的意境之中,使人不禁浮想联翩。这既是中国传统文化的精彩演绎,又是中国古老茶文化的魅力所在。

士不可三日无酒,君不可一日无茶,无论是“茗”还是“茶”,对于茶人而言,无贵无贱,喜欢就好。

燕瘦环肥,各有所爱。“一万个读者就有一万个哈姆雷特”。

茶,同样如此。不同类型、不同产地的茶,其滋味也各不相同,有的醇厚,有的清淡,有的苦涩,有的甘甜,个中滋味,其实只有茶人自知。但是,只要你觉得上口,就是好茶。

也就是“茶无上品,适者为珍。”

思悟

茶的滋味便是茶人心境的映射。

伤心、暴躁、愤怒、不安时喝茶,口中只有干枝朽叶的苦涩;平和、宁静、愉悦、舒畅时品茶,心中就有虚怀空灵的芬芳。

因为茶是有灵性的。

忧伤时,茶味苦涩;欣喜时,茶变浓烈;平静时,茶便清淡;而憧憬时,茶则会带你进入梦幻般的世界。

饮茶修的是禅心，茶入水中，犹如开启人生旅程，由淡薄快速变得浓烈，然后再慢慢走向清淡，最后如一捧清水，虽已无味，但也清宁。

五味杂陈，个中滋味，却全在一个“品”字。

同一盏茶，多少人去品，便有了多少种滋味。

学会放下

感觉到了人生最艰难的时刻时，首先要学会的是放下。失去的，其实从未真正地属于过你，何必惋惜，更不必去索讨。静心品茗，洗去铅华，明天一定会如约而至，茶还是那么清香，山还是么恬静。

情绪，其实就是心魔。学会放下，学会不再那么在意，一切都会平静。

生命不一定完美，但并不影响生命本身的美，这就是生命的真相。

九年前，曾来过三峡，今天看起来依旧是原来的山，过去的水，曾经的峡。但又好像时过境迁，物是人非。

其实人生真的要学会放下，没必要“曾经沧海难为水，除却巫山不是云”。

什么是茶道？

道，自然也，道，就是万事万物内在的自然规律。

茶道，就是茶人品茶与为人的精神、道理、规律与本源。

修行是茶道的根本。茶道的修行为“性命双修”，修性即修心，修命即修身，性命双修即身心双修。修命、修身，也谓养生，在于祛病健体、延年益寿；修性、修心在于志道立德、怡情悦性、明心见性。

茶道，给了不同社会阶层人士以自由选择和充分发挥的空间与余地，无论是学者还是市井，无论是贵族还是布衣，无论是男女老幼，都能从不同的角度解读茶之“道”。但是，崇尚的都是自然、质朴、真实与平淡。

茶，可以是饮料，可以是文化；可以是现实生活，可以是精神寄托；可以饮、可以品、可以读、也可以悟；茶道也成了为人处事之道。

品茶是修养，不是修炼；是修为，而不是无为。

丰子恺曾经说过这样一段话：你若爱，生活哪里都可爱；你若恨，生活哪里都可恨；你若感恩，处处可感恩；你若成长，事事可成长。不是世界选择了你，是你选择了这个世界。既然无处可躲，不如傻乐。

“两岸猿声啼不住，轻舟已过万重山。”

还是抓紧时间傻乐吧！

美好的时光总是太短，不想面对的总得去面对，这就是真实的人生。

总说快乐的人不畏未来，真的要做到不畏未来，最好的方法就是活在当下，珍惜现在。

23. 心随风去，身与云闲
——三亚闲茶

至亲之人相伴，从此心随风去，身与云闲。此生甚好。

茶只是一杯水，你想什么，茶就是什么。心即茶，茶即心。

三毛曾经说过这样一段关于茶的感悟：第一道苦若生命，第二道甜似爱情，第三道淡如清风。

我是这样理解的，最初的人生需要创造，所以那个阶段每个人都吃尽了苦头。等到风雨过后，你才有资格去充分享受你自己通过艰苦努力换来的人生。最后，似乎一切都是浮云，然后从哪里来，就回到哪里去。

这不仅是三毛对爱情，对茶的感悟，也是人生的完整轮回。

我的人生同样如此。

终于开始了“轻涛松下烹溪月，含露梅边煮岭云”的日子，可以自己完全掌握自己的时间，没有启程，也没有归程，再没有追赶着的电话与工作，也没有心不在焉与一心二用，真的结束了“才下眉头，却上心头”的状态。

这次去三亚，称得上真正的“闲”茶，闲着寻茶，闲着品茶。而且这次还是全家一起出发，这对于近十年都忙得昏天黑地的我来说实在是弥足珍贵。

以往外出休假旅行，目的地、路线、交通工具、时间、酒店等等都是我提前预定好，这次妻自告奋勇担当了全部安排事宜。

第一次住天涯镇的客栈，虽然并不奢华，甚至有些简陋，但清宁地别有一番滋味。

看来不同的选择才会有不同的感受。

睁眼大海，闭眼波涛，感觉就像是枕着海浪在睡觉。

不仅想起了那几句诗：从明天起，做一个幸福的人，喂马、劈柴、周游世界。

从明天起，关心粮食和蔬菜。

我有一所房子，面向大海，春暖花开。

因为多年严重心脏病的原因，刚刚办理了辞职手续，决定提前给自己退休，尽管无需为今后的生计发愁，但心里多多少少还是有些失落。

在失落些什么呢？

人就是这么奇怪，一直想着，盼着，等着，念着，但真的到了这一天，似乎又有太多的不舍与牵挂。说到底，还是没有真正、彻底地放下。“如果你放不下，那是你不懂自己，而不是没人懂你。”其实这个道理我懂。

放下那么多的小情绪，带着妻与我家的小茶客一起寻茶去！

去五指山茶园的路上漫眼都是海南的风情。

海南有很多知名的茶，五指山苦丁茶、雪茶、白沙绿茶等，我最喜欢的还是兰贵人。

兰贵人，略显拙笨的外形看起来并不像中国传统茶的模样，是以五指山的绿茶为原料，据说添加了海南的香草兰和花旗参制作而成，因而它具有了一种独特的口感与香气。并不喜欢它的名字，但它的确很养生。

兰贵人，其名真的源于慈禧太后吗？反正我不喜欢这个名字。

其实不管什么茶，说到底都只是一片树叶而已，关键在于品茶时的心境。

就像这落日，你可以说残阳如血，也可以说落日如霞。

茶只是一杯水，你想什么，茶就是什么。

心即茶，茶即心。

闲茶的感觉就是不一样，喜欢霸口就喝浓茶，如黑茶；喜欢清淡就品清茶，如绿茶；喜欢浪漫就饮暖茶，如红茶；而喜欢怀旧就烹老茶，如白茶。

淡茶养精神，清茶虑心尘，茶之德也。

近几年，常常行走在山涧林间，一度觉得“布衣暖，菜根香，诗书滋味长”才是最理想的状态，甚至有意逃避现代化的都市。真正放下所有牵绊与顾虑之后才发现，完整的生活应该接受所有的方式。

现代社会带给了我们那么多的舒适与方便，为什么一定要刻意远离呢？还是充分享受它吧！

菩提本无树，明镜亦非台，本来无一物，何处惹尘埃。

24. 不得不提的茶

——日本茶

和风之美

和敬清寂

因知我酷爱茶，一位赴日本公干的朋友回来后，特意给我带来了几包日本茶。素来对日本心存芥蒂，故对日本茶也就没有什好感了，心想，我泱泱天朝大国，又是世界茶之祖先，日本茶怎可相提并论？

但茶人毕竟是茶人，想起这样一句话：音乐是没有国度的。那么茶应该也是没有国家、民族的界限吧。其实还是抵不过茶本身的诱惑罢了。

精美的包装就与传统中国茶的包装大相径庭，充分体现了民族独有的风格，很具视觉感染力。这一点还是值得称道的。

日本茶九成以上是绿茶，但依据产地与滋味的差别分类更为精细，各类茶的香气、口感也各有千秋。首先在加工工艺上与中国传统炒制杀青的绿茶就有很大差别，采用蒸汽进行杀青，然后捻揉烘焙，或直接在阳光下晒干而成。此法茶的色泽更加接近植物的翠绿本色，聚香效果更加明显，茶汤的味道也更加浓厚。

日本茶还是值得品味与解读的，这里介绍几种较有特色的日本茶。

一、玉露

日本茶中级别最高的茶。

茶树发新芽前 20 天左右，对即将长出的柔嫩新芽，用竹席、稻草等护住茶树顶端来阻挡阳光曝晒，以保持原叶较高的叶绿素，同时有效控制茶多酚含量，还可使原叶柔软以便于后期加工。嫩芽被采下后，以高温蒸汽杀青后进行快速冷却（蒸汽杀青的目的是快速终止氧化酶的活性，保持其清香之气，快速冷却的作用是聚香），然后搓揉成细长的茶条。

为保持玉露茶的鲜嫩，当日采摘的原叶当日必须加工完毕。

玉露茶色泽暗绿，涩味很低，甘甜柔和，茶汤清澈，沁人心脾。据说品饮时有一种不食人间烟火的感受，被称为“覆香”。

二、抹茶

抹茶起源于我国隋朝，在宋朝时称为“点茶”。 北宋诗人黄庭坚描述过专门用以研磨的石茶磨，“浸穷厥味臼始用，复计其初碾方出。计尽巧极至迂磨，信哉智者能创物。”随遣唐使传入日本，发展成为今天日本著名的茶道。

抹茶在茶树栽培以及加工过程方面与玉露相近。加工完成后，再去除掉茶叶的梗，以石碾研磨成细小粉末。抹茶具有一种特殊的海苔香味，可饮、可食，真正体现了“吃”茶。

抹茶是日本茶道的主茶品，也常作为日本料理的添加辅料。

三、煎茶

煎茶，其实指的是茶的一种加工的工艺，“煎”就是蒸汽杀青之意。苏辙曾有诗云“年来病懒百不堪，未废饮食芳甘。煎茶旧法出西蜀，水声火候犹能谙”。由此可知，煎茶应当始于我国古代的巴蜀地区蒸汽杀青，在中国被炒制杀青替代后却在日本得以保留。煎茶，是比玉露等级略低的绿茶，日本静冈的煎茶较有名。

煎茶是日本人日常生活中饮用最多的茶。其成茶色泽墨绿、挺拔如松，冲泡后翠绿鲜嫩、清爽悠长。

四、番茶

番茶，是用茶树上嫩芽以下较粗大叶子的部分，或者加工煎茶时被筛选出的叶子作为制作原料加工而成的一种绿茶，属大叶茶。

番茶是经过常规蒸汽杀青后，在阳光下晒干或烘焙干燥，再将茎梗分拣出来，色泽较深暗，口感较浓厚，清香之气略逊，甘甜之味醇厚，其所含咖啡因较少，故晚上饮番茶不会影响睡眠。

五、焙茶

焙茶，以火烘“焙”出的茶，故又被称为烘焙茶。

焙茶是以大火炒制番茶至散发出香味后加工制作而成的茶，是日本绿茶中唯一一种用火加工炒制的茶。

品质好的焙茶不管是以温火轻焙还是以高火重焙（好茶轻焙，劣茶重焙），其汤色不论是金黄还是栗红，应当清澈明亮，蕴含的独特炭香从第一泡到最后一泡应始终如一。

焙茶的成茶暗褐，品饮时有一种浓厚的烟熏香味，适合寒冷的冬季饮用。

六、粉茶

粉茶与抹茶都属于研磨成粉状的茶，但是，二者有根本的差别。

抹茶是用石碾研磨成细小的粉末，而粉茶则是以制作煎茶时所剩的茶叶碎末为原料加工而成，与煎茶相比出味更快，但口感与香气略逊。

粉茶一般用来加工简易茶包，或平时一般场合的茶饮时使用。

七、玄米茶

有人将玄米茶与中国民间传统的

大麦茶融为一谈，其实二者具有本质差别。大麦茶是以大麦粒为原料炒制而成的，属于谷物饮品，严格来讲，大麦茶不属于茶品的范畴。

这里介绍中国云南特产的一种茶，糯米香茶，制作原理与加工工艺虽有不同，但与玄米茶有着异曲同工之妙。

在我国云南西双版纳南糯山出产的糯米香茶，以当地大叶茶为原料，混合入一种叫做“糯米香” 的野生植物叶片精制而成。汤色黄亮，富含一种清香甘醇的米香。

此外，我国海南还出产一种叫做“香草兰”的米香茶，其原料中除了五指山的绿茶外，还有一种重要的成分，誉为“世界香料之王”的香荚兰，其独具一种特殊的巧克力香，口感高雅浓郁，久泡仍留余香，同样让人难以忘怀。

提到日本茶，就简单聊聊日本茶道。

茶禅之道始于中国，在日本也得到了发扬光大。

茶道传入日本后，“茶禅一味”成为日本茶道的最高境界。

茶汤之中有禅心。日本茶道摒除了中国华丽的斗茶仪式，简素质朴，返璞归真，追求“闲寂”“简素”与“枯淡”的和风之美，与禅宗的静虑、证悟自我心性的本源一致，洗涤虚妄与烦恼，进入清静心态，找到本真初心，回归自然心灵。

日本著名学者藤原正彦在《国家的品格》一书里说：“禅，虽然诞生于中国，却并没有在中国生根，而在镰仓时代传到日本之后，很快在日本落地发芽。”（关于这种观点我并不赞同，个人觉得日本茶道只是虔诚的仪式感更重些）藤原正彦认为，禅与日本世代相传的人文环境极具契合性。禅，是日本人自古以来的价值观。源于中国宋朝的点茶技艺在日本发展成为茶道，也是禅在日本本土化的一种表现。

对于“禅茶一味”，日本茶道的鼻祖千利休这样解释：“天地同根，万物一体，舍小我而融入天地之中，其静寂无为，所示正是茶之正道。为饱享茶禅一味之达人所必见。”

日本茶道的核心是“和敬清寂”：“和”，互相愉悦；“敬”对他人敬爱；“清”，保持自我以及周围环境的清洁与整齐；“寂”，闲寂，摒除一切多余之物。

“和敬清寂”是日本茶道精神与美学的精髓，并传承至今。

25. 世间最好的茶

——茶无上品，适者为珍

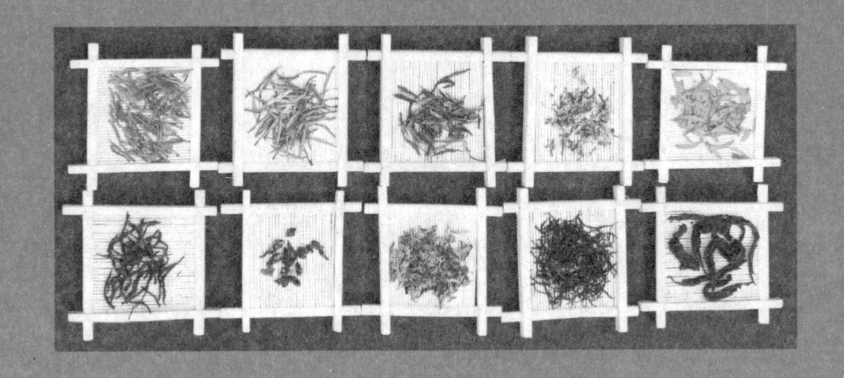

最适合你的那款茶，就是最好的茶。

自古，中国人就喜欢用“十大某某”来评价、褒奖自己的喜爱之物。以山水为例，如中国“十大名山”“十大温泉”等等。

为什么是“十”？

或许习惯了完美主义的中国人总是期望圆满吧。

茶，源于中国的自然瑰宝当然也不能落俗。

对于哪些茶当位列中国十大名茶，自古茶人众说纷纭，见仁见智。

依据 1915 年“巴拿马万国博览会”中国名茶的评价为标准，中国十大名茶习惯被认为：西湖龙井、碧螺春、信阳毛尖、君山银针、黄山毛峰、武夷岩茶、祁门红茶、都匀毛尖、铁观音、六安瓜片。

那到底什么茶，才是世间最好的茶？

茶无上品，适者为珍。

最适合你的那款茶，就是最好的茶。

后记 茶到底是什么？

本来已经收笔很长一段时间了，但总觉得好像缺了点什么，索性暂时放下，一直在等。

等什么？等一个答案。

心里一直有一个疑问，对于我而言茶到底是什么？答案似乎有些模糊。

茶，是一种自然健康的饮品，一种婆娑摇曳的意境，一种微醺曼妙的感觉，一种明心见性的生活，一种烦浊心境的洗涤，一种自我生态的调和，似乎都是，但似乎又都没有彻底表达出我对茶的渴望、依赖、认知与心灵感受。思量很久，最终找到了一个适合我的答案。

茶对于我而言，是埋藏在心底最深处所向往的贵族灵魂的救赎。

当今国人总是把富贵当作人生的目标，固然无可厚非，但似乎忽视了一点，“富”与“贵”本是两个不同的东西。

“富”是物质层面的表象，而“贵”则属于精神领域的范畴。

“贵族”灵魂犹如孟子口中的“大丈夫”。居天下之广居，立天下之正位，行天下之大道；得志，与民由之；不得志，独行其道。富贵不能淫，贫贱不能移，威武不能屈。也就是始终坚持独立的人格与尊严，保持自由的灵魂与思想。拥有高尚的情操、坦然的心态、洁净的环境、空灵的心境、知性的修为、自然的生活。

有太多的人一生都在不懈地追逐着“富裕”，而忘却了追求灵魂的“高贵”，那么多年以来的我也同样如此。整日里惶惶不可终日地度过了太多的曾经之后，却忘却了停下脚步去静静地思考，自己从哪里来，最终要到哪里去。蓦然回首，发现曾经的幸福已经不知不觉、依稀模糊地迷失在了五光十色的灯火阑珊之中，渐渐失去了对自己由衷的尊重，对生活本源的渴望。

每个人都应该找回生活中最本真的爱！

“口中有茶，心中有爱；皎皎如一，任圆任缺。”这种其人如月的状态就是我所理解的贵族般的生活了。

其实茶对于每个人到底意味着什么，因人而异，不一而同，因为茶本身就是适者为珍之物，无高低贵贱之分。或许对你而言只是怡情悦性之品，而对他却是洗涤心尘之物。但不管是什么，只要能如绵绵细雨般随风入夜，润物无声，便是茶的功德了。

我们应该对茶怀有感恩之心。

因为不仅是我们赋予了茶以文化的意义，

更因为茶滋养了我们的生命。

愿我们所记录的今后的岁月里不再有沧桑的回忆，

也不再有后悔与遗憾，忧虑与不安，

只有那一瓯茶的悠悠滋味。

——收笔，满满的茶香；

喝茶去。